電子デバイスの基礎

桜庭一郎 / 岡本　淳　共著

森北出版株式会社

● 本書のサポート情報を当社Webサイトに掲載する場合があります．下記のURLにアクセスし，サポートの案内をご覧ください．

https://www.morikita.co.jp/support/

● 本書の内容に関するご質問は，森北出版 出版部「(書名を明記)」係宛に書面にて，もしくは下記のe-mailアドレスまでお願いします．なお，電話でのご質問には応じかねますので，あらかじめご了承ください．

editor@morikita.co.jp

● 本書により得られた情報の使用から生じるいかなる損害についても，当社および本書の著者は責任を負わないものとします．

■ 本書に記載している製品名，商標および登録商標は，各権利者に帰属します．

■ 本書を無断で複写複製（電子化を含む）することは，著作権法上での例外を除き，禁じられています．複写される場合は，そのつど事前に（一社）出版者著作権管理機構（電話03-5244-5088, FAX03-5244-5089, e-mail: info@jcopy.or.jp）の許諾を得てください．また本書を代行業者等の第三者に依頼してスキャンやデジタル化することは，たとえ個人や家庭内での利用であっても一切認められておりません．

まえがき

　LSIやメモリなどの半導体デバイスは，エレクトロニクスのみならず各種の工学分野はもちろん，私達の日常生活にも深く浸透している．さらにレーザダイオードが実現してから，その進歩はめざましく，情報処理および光ファイバ通信に広く使用されている．レーザ光のすぐれた特性を用いるフォトニクスも，初めに予想したより，はるかに高度にかつ急速に進展しつつある．

　このような電子デバイスを，北海道大学工学部電子工学科の学生に30回ほど，また北海学園大学工学部電子情報工学科の学生に数回講義した(ともに3年夏学期)．さらにいくつかの大学や高専にも集中講義をした．デバイス工学は，システム工学と材料科学を結びつける分野である．したがってシステムからの要求に応じて新しいデバイスを製造したり，また材料の特性を利用して新しいデバイスを考案するのに役立つ講義であることを心がけてきた．そのためできるだけ定性的な説明によって，キャリアの振る舞いとデバイスの特性を理解させるよう努力している．このことはまた，若者の将来における独創的な仕事にもつながると考える．

　これまで用意した多くの講義原稿や資料を整理してまとめた「半導体デバイスの基礎」が，1992年秋に公刊されてから十年ほど経過した．この期間，フォトニックデバイスやICなどの電子デバイスは，着実に発展を続けた．したがって，これらを再検討し，新たに「電子デバイスの基礎」としてまとめることにした．「半導体デバイスの基礎」において，2つの章に述べられていたフォトニックデバイスは，10章にまとめられた．また1章を序章とし，学生が全般をよく理解できるように心がけた．

　本書は2名の著者によって書かれているが，その分担は
　　第1章～第9章，11章　　　桜庭　一郎
　　第10章　　　　　　　　　　岡本　淳
である．もとより著者の能力不足から，意をつくしていない点もあると思うが，読者のしっ声と助言により，この新著をより完全な教科書に育てあげることができれ

ば，著者の喜びこれに過ぎるものはない．

　おわりに本書出版を企画された森北出版株式会社社長森北肇氏および企画・編集マネジメント部長の利根川和男氏，ならびに出版と校正に尽力された第二出版部の水垣偉三夫氏に深謝する．また励ましをいただいた，北海道大学大学院工学研究科教授三島瑛人博士と北海学園大学工学部教授佐藤邦宏博士に感謝する．

　なお参考文献にあげた著書のほか，国内外の学術誌から多くの恩恵をうけた．ここに関係各位に厚くお礼申し上げる．

　2003 年 7 月

著　者

目　　次

1章　電子デバイス
1・1　電子デバイスとエレクトロニクス …………………………1
1・2　増幅用電子デバイス …………………………………………1
1・3　オプトエレクトロニクスと電子デバイス …………………2

2章　固体のエネルギー帯
2・1　電子の波動性 …………………………………………………4
2・2　固体内の自由電子 ……………………………………………5
2・3　状　態　密　度 ………………………………………………8
2・4　エネルギー準位のバンド構造 ………………………………9
2・5　導体，半導体と絶縁体のエネルギー帯 ……………………14
2・6　ブリルアン帯 …………………………………………………16
2・7　有　効　質　量 ………………………………………………19

3章　半導体のキャリア
3・1　真性と外因性半導体 …………………………………………23
3・2　真性半導体のキャリア密度 …………………………………26
3・3　外因性半導体のキャリア密度 ………………………………31
3・4　ドリフト電流 …………………………………………………34
3・5　拡　散　電　流 ………………………………………………37
3・6　キャリアの発生と再結合 ……………………………………39
3・7　キャリア連続の式 ……………………………………………41

4章　pn接合とショットキー障壁
4・1　pn接合のエネルギー準位 ……………………………………44

4・2　pn接合の電流・電圧特性 …………………………… 47
　4・3　pn接合の接合容量 ………………………………… 51
　4・4　金属・半導体接触のエネルギー準位 ……………… 55
　4・5　ショットキー接触の電流・電圧特性 ……………… 57

5章　ダイオード
　5・1　pn接合ダイオードとその静特性 …………………… 61
　5・2　pn接合ダイオードの動特性 ………………………… 63
　5・3　少数キャリアの蓄積 ………………………………… 68
　5・4　pn接合ダイオードの逆方向降伏 …………………… 69
　5・5　ダイオードの応用 …………………………………… 72

6章　バイポーラトランジスタ
　6・1　増幅の原理 …………………………………………… 76
　6・2　ベース域の解析 ……………………………………… 80
　6・3　静特性 ………………………………………………… 84

7章　ユニポーラトランジスタ
　7・1　電界効果トランジスタ ……………………………… 89
　7・2　JFET ………………………………………………… 90
　7・3　MES FET …………………………………………… 95
　7・4　MOS FET …………………………………………… 96

8章　電子デバイスの雑音
　8・1　雑音 …………………………………………………… 110
　8・2　雑音指数 ……………………………………………… 111
　8・3　ジョンソン雑音 ……………………………………… 112
　8・4　ショット雑音 ………………………………………… 114
　8・5　発生再結合雑音 ……………………………………… 115
　8・6　トランジスタの雑音 ………………………………… 117

9章 マイクロ波半導体デバイス

 9・1 ガンダイオード ………………………………………… 120
 9・2 インパットダイオード …………………………………… 124
 9・3 出力と周波数 …………………………………………… 127

10章 フォトニックデバイス

 10・1 光 の 吸 収 ………………………………………… 130
 10・2 光 の 放 出 ………………………………………… 131
 10・3 発光ダイオード ………………………………………… 134
 10・4 レーザダイオード ……………………………………… 139
 10・5 光波の変調と検波 ……………………………………… 144
 10・6 フォトダイオード ……………………………………… 146
 10・7 イメージセンサ ………………………………………… 148

11章 集 積 回 路

 11・1 集積回路の特長 ………………………………………… 155
 11・2 スケーリング …………………………………………… 158
 11・3 ROM …………………………………………………… 159
 11・4 RAM …………………………………………………… 163
 11・5 MIC …………………………………………………… 166
 11・6 OEIC ………………………………………………… 167

付　　録

 1. SiとGaAsの諸定数 ……………………………………… 169
 2. 電磁波の区分 ……………………………………………… 169
 3. 補 助 単 位 ……………………………………………… 170
 4. ギリシャ文字 ……………………………………………… 171
 5. 主な物理定数 ……………………………………………… 171

演習問題解答 …………………………………………………… 172
参 考 文 献 …………………………………………………… 174
さ く い ん …………………………………………………… 175

記　号　表

a	FETチャネルの厚さ	m_0	真空中の電子質量
A^*	リチャードソン定数	m^*	有効質量
A_C	実効状態密度（電子）	m_N^*	電子有効質量
b	周期ポテンシャルの幅	M	なだれ増倍率
c_0	自由空間の光速度	n	主量子数
C_D	接合容量，空乏層容量	n_{SU}	反転層の電子密度
C_F	拡散容量	$\bar{n}_c$	平均キャリア数
C_S	p域の空乏層容量	N	雑音電力
C_X	酸化膜の容量	N_A	有能雑音電力
D	空乏層幅	N_D	ドナー密度
D_N	電子の拡散係数	p	運動量，正孔密度
E	電子の全エネルギー	q	電子の電荷（絶対値）
E_F	フェルミ準位	Q	量子効率
E_G	エネルギー・ギャップ	r_B	ボーア半径
f	周波数，力	r_{DY}	動抵抗
$f_N(E)$	フェルミ・デラック分布関数	R	静抵抗
$f_P(E)$	$=1-f_N(E)$	R_B	バルク抵抗
F	雑音指数，電界強度	R_{DY}	動抵抗
F_{TH}	しきい電界強度	R_{EQ}	雑音等価抵抗
g_m	相互コンダクタンス	S	信号電力
h	プランクの定数	S/N	信号対雑音比（SN比）
$\hbar$	$h/2\pi$	t	時間
I_{CBO}	ベース接地コレクタ遮断電流	T_{EQ}	雑音温度
I_D	ドレイン電流	U_0	周期ポテンシャルの振幅
I_{DSA}	FET飽和電流	$U(x)$	ポテンシャル・エネルギー（位置 x）
I_S	飽和電流	$V(\lambda)$	スペクトル比視感度
k	波数	$V_{CH}(z)$	チャネルに沿った電圧
k_B	ボルツマン定数	V_{DS}	ドレイン電圧
$K(\lambda)$	スペクトル視感度	V_{FG}	フローティングゲートの電圧
l	方位量子数	V_{GS}	ゲート電圧
l_M	平均自由行程	V_{TH}	電圧のしきい値
L	JFETチャネルの長さ	V_{TU}	ターンオフ電圧
L_D	共振器の長さ	W	JFETのチャネル幅
L_N	伝導電子の拡散長さ	$Z(E)$	状態密度

α	イオン化率,吸収係数	τ	ベース走行時間
α_E	注入効率	τ_M	平均自由時間
α_F	電流伝達率	τ_{MP}	正孔の緩和時間
α_T	ベース効率	τ_N	電子の寿命
β	交流値の電流増幅率	τ_R	再結合寿命の平均値
β_F	直流値の電流増幅率	τ_S	少数キャリア回復時間
δ	ベース損失率	ϕ_0	拡散電位,電位障壁
λ	波長	ϕ_B	ショットキー障壁
μ_N	電子移動度	ϕ_M	金属の仕事関数
$\overline{v^2}$	速度の2乗平均値	ϕ_S	仕事関数
$\sqrt{\overline{v^2}}$	$=v_{TH}$,$\overline{v^2}$ の実効値	ϕ_{SU}	表面電位
v_G	群速度	χ	電子親和力
v_N	ドリフト速度	χ_Z	酸化膜電子親和力
v_{PH}	位相速度	$\psi(x)$	電子波の振幅(位置 x)
ρ	$=\sigma^{-1}$,抵抗率	ω	角周波数
σ	導電率		

1章 電子デバイス

1・1 電子デバイスとエレクトロニクス

　半導体，集積回路とディスプレイなどは，職場や家庭で，私達の周りに，いつも存在している．しかも，それらの進歩はたいへん速い．たとえば集積回路の進歩であり，その波及効果はたいへん広く，エレクトロニクスの発展に寄与している．

　このように，電子デバイス (electron device) が，情報処理や通信技術の推進力となっている．その理由は，増幅・発振・検波・表示・記憶さらに整流などの機能をもつためである．

1・2 増幅用電子デバイス

　エレクトロニクス発展の推進力となった，多くの電子デバイスのうち，今日の基礎を与えたのは，増幅用電子管の発明である．エジソン (T.E. Edison) が発見した熱電子放出を用い，2極管がフレミング (J.A. Fleming) によって造られた．その後，ドフォレ (de Forest) が，さらに1つの格子状電極を加えた3極管を考案した．この管は，格子への入力電圧をきわめてわずかに変化するのみで，陽極電流にたいへん大きな変化を発生できる．つまり慣性の小さい電子の振舞を制御するためである．

　らせん (helix) を伝搬する低速電磁波と，磁界などで集束された直線状電子ビームとの相互作用により，マイクロ波の広帯域増幅が可能になった．これはらせん形進行波増幅管とよばれ，コンフナー (R. Kompfner) により着想され，ピアース

(J.R. Pierce) の鮮やかな理論解析が与えられ，実用化した．

ドフォレの3極管が発明されて40年ほど過ぎた頃，点接触ダイオードに，さらに1本の金属針をとりつけると，ダイオード電流の変化することが見出された．このようなトランジスタの現象は，バーディン (J. Bardeen) とブラッテン (W.H. Brattain) によって発見されたが，ショックレイ (W.B. Shockley) により，トランジスタという固体電子デバイスとして育成され，実用されはじめた．

高い出力と利得，広い周波数の利用という社会的要求に応じて，3極管とトランジスタは各種の電子デバイスに発展した．この場合，電子管の進歩にとっては，真空技術の向上がなくてはならない周辺技術であった．またトランジスタが様々な半導体デバイスに成長したのは，プレーナ構造の製造技術が不可欠であったし，この技術が集積回路の進歩の基礎となっている．

最近はファイバ・ネットワークの大容量化の要求が高まっている．対策として，時分割多重 (time division multiplexing, TDM) の高速化と，波長多重 (wavelength division multiplexing, WDM) による大容量化が進みつつある．TDM の多重化による限界は，電子デバイスの処理速度により決められるから，HEMT (high electron mobility transistor) と HBT (heterojunction bipolar transistor) などの超高速電子デバイスの実現が盛んである (9・3節参照)．

最近の超高速 IC は 40 Gbit/s 程度であるが，高速動作に適した回路技術の導入により，電子デバイスで 100 Gbit/s 以上の信号処理が現実的になっている．

1・3 オプトエレクトロニクスと電子デバイス

エレクトロニクスの進歩を周波数からながめると，より高い周波数の電磁波を求める歴史である．たとえば通信の場合，高い周波数ほど広い帯域がとれるので，多くの情報を送ることができるためである．レーダの場合，短い波長ほど指向性のよいアンテナを造りやすく，分解能が向上する．したがって，マイクロ波 (波長 10 cm から 1 mm までの電磁波) の発振や増幅用の電子デバイスが発明され，実用化されてきた．

しかし，1950 年代後半から，より短い波長，すなわち波長 1 mm 以下 (周波数 300 GHz 以上) の電子デバイスの開発にかげりが出はじめていた．これまでのマイクロ波帯の電子デバイスに用いられていた，電子の走行時間を利用する原理を，波長 1 mm 以下に適用すると，工作精度や損失に本質的な限界が存在するためであ

る．このような環境で，誘導放出とよばれる新しい発振原理を用いるレーザ (laser) が 1960 年に発明された．周波数でいえば，300 GHz から 300 THz 帯，約 1000 倍も拡大されたこととなる．代表的な発振用電子デバイスをまとめると図 1・1 となる

　レーザがもつ秀れたコヒーレンス・単色性・指向性・大強度の特性を利用するオプトエレクトロニクスは，急速にまた高度に進展しており，いままでのエレクトロニクスに代わるような状況にある．波長がさらに短く 100 nm より短くなると，現在のレーザ原理では，発振器を造ることが困難のようである．これの解決法の一つとして，非線形光学デバイスの研究が盛んである．これは物質の原子や分子がもつ非線形感受率を利用して，高調波あるいは和周波数光を発振するデバイスである．

　エルビウムドープ光ファイバ増幅器 (Erbium-Doped Optical Fiber Amplifier : EDFA) は，30 dB 以上の利得が得られ，最近オプトエレクトロニクスや光通信の分野で，強い関心を持たれている．この光ファイバ増幅器は，構造簡単・広帯域・高利得・低雑音・結合損が小さい・偏波に依存しないなどの優れた特性をもつ．

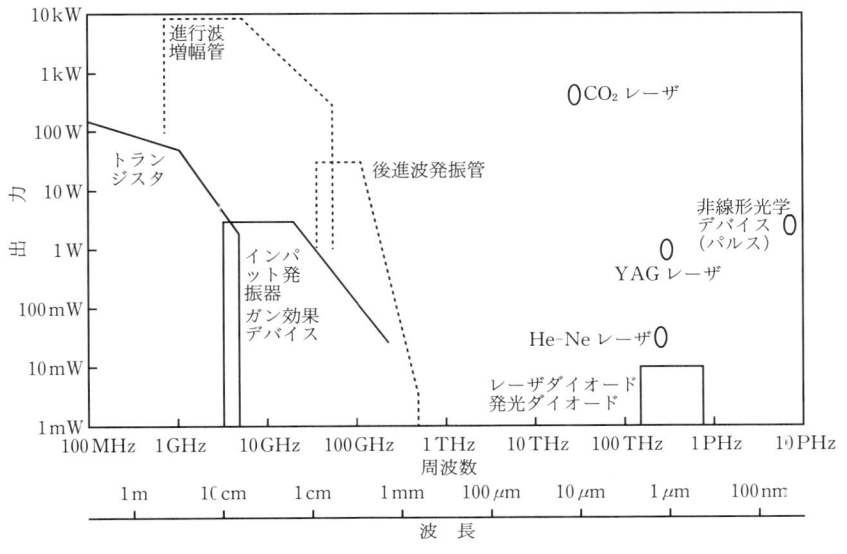

図 1・1　発振器の周波数と出力の例

2章 固体のエネルギー帯

2・1 電子の波動性

　運動する電子は，粒子性のほかに，波動性を示す．これはドブロイ (de Broglie) の物質波 (matter wave) であり，その波の強さは，粒子が存在する確率を与え，波束 (wave packet) で運動する粒子を記述できる．
　電子に伴う波つまり電子波 (electron wave) の波長を λ，その周波数を f とすれば，電子のエネルギー E および運動量 p は

$$E = \hbar\omega \qquad (2 \cdot 1)$$
$$p = \hbar k \qquad (2 \cdot 2)$$

の関係にある．$\hbar$ は h バーと読み，プランクの定数 (Planck's constant) $h = 6.626 \times 10^{-34}$ J·s を 2π でわったものであり，1.055×10^{-34} J·s に等しい．ω と k はそれぞれ角周波数と波数 (wave number) であり，

$$\omega = 2\pi f, \quad k = \frac{2\pi}{\lambda} \qquad (2 \cdot 3)$$

で示される．時刻 t のとき，1方向に運動する電子が，ある位置 x に存在する確率は，電子波の振幅 $\psi(x)$ の2乗で与えられる．位置と運動量を同時に正確に決めることはできず，それぞれの不確かさ Δx と Δp の間には，ハイゼンベルグ (W.K. Heisenberg) の不確定性原理 (uncertainty principle)

$$\Delta x \cdot \Delta p \geqq 2\pi\hbar \qquad (2 \cdot 4)$$

が成立する．電子の空間的な広がりを Δx とすれば，その運動量も $2\pi\hbar/\Delta x$ 程度のゆらぎをもち，波数の異なる多くの電子波を重ねることにより電子の粒子性を表

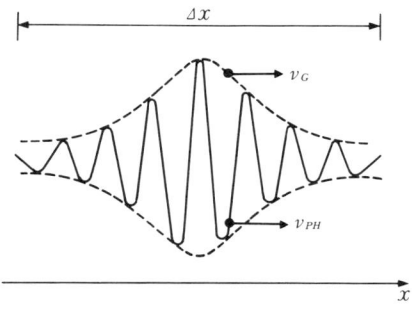

図 2・1 波 束

せる．

このように，多くの波を重ねあわせると Δx の間に存在する波，すなわち波束となる（図 2・1）．このような波の塊の運動が，電子の運動に相当しており，波束の進む速度が電子の速度となる．この速度は群速度 (group velocity) といい ν_G とおくと，式 (2・1) を用いて

$$\nu_G = \frac{d\omega}{dk} = \frac{1}{\hbar}\frac{dE}{dk} \qquad (2\cdot5)$$

である．また，平面波として進む電子波の速度 ν_{PH} は，式 (2・1) と式 (2・2) を使用すると

$$\nu_{PH} = \frac{\omega}{k} = \frac{E}{p} \qquad (2\cdot6)$$

で与えられ，位相速度 (phase velocity) とよばれる．図 2・1 で説明すると，ν_G は波全体を包む破線の進む速度を示し，ν_{PH} は実線で描かれた波形が進む速度であり，これらは一般に一致しない．たとえば，ν_G がかなり小さく，破線で示した包絡線がゆっくり進んでいる場合でも，左の端に現れた波が，振幅を増加しながら右に速く進み，中央部で最大の振幅となり，その後はしだいに減衰して右端で消える現象が続くと，ν_{PH} が大きいことであり，$\nu_{PH} \gg \nu_G$ に相当する．また，自由空間における光速度 $c_0 = 3 \times 10^8$ m/s は，周波数が変化しても変わらないから，$\nu_G = \nu_{PH} = c_0$ となる．

2・2　固体内の自由電子

金属内の電子は，その結晶中を自由に動くことができ，自由電子 (free electron) とよばれる．したがって 1 次元の場合，電子のエネルギーは内部のポテンシ

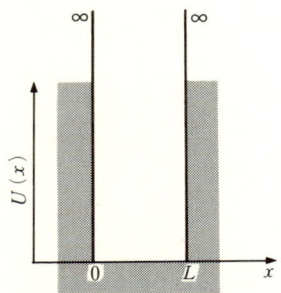

図2・2 無限に深い1次元井戸形ポテンシャル

ャルより高く，金属の両端のポテンシャルに比べて低いと考えられる．図2・2に示したような，1次元の井戸形ポテンシャル内（長さL）に閉じこめられた電子のようすを調べると，金属内の電子のエネルギー状態を知ることができる．

時刻を含まない1次元のシュレーディンガーの波動方程式 (Schrödinger's wave equation) は

$$\frac{d^2\psi(x)}{dx^2} + \frac{2m}{\hbar^2}\{E - U(x)\}\psi(x) = 0 \qquad (2\cdot 7)$$

で与えられる．m は電子の質量，E は電子の全エネルギーおよび $U(x)$ はポテンシャル・エネルギーである．$\psi(x)$ は波動関数であり，電子が位置 x に存在する確率の密度が，積 $\psi(x)\psi^*(x)$ で与えられる．ここで * は共役量を示す．電子が長さ L の井戸形ポテンシャル内のどこかに見いだされる確率は1であるから，全域にわたり，つまり0からLまで積分した結果は1に等しい．すなわち

$$\int_0^L \psi(x)\psi^*(x)dx = 1 \qquad (2\cdot 8)$$

である．また，式 $(2\cdot 7)$ の E と $\psi(x)$ は，それぞれエネルギー固有値 (eigenvalue) および固有関数 (eigenfunction) とよばれる．

井戸内の電子に対して，ポテンシャル・エネルギーは一定であるから，これを0としても一般性を失わない．また $x < 0$ と $x > L$ では，ポテンシャルを無限大とおく．すなわち

$$\begin{aligned} 0 \leq x \leq L & \quad U(x) = 0 \\ x < 0 \text{ および } x > L & \quad U(x) = \infty \end{aligned} \qquad (2\cdot 9)$$

式 $(2\cdot 7)$ の $0 \leq x \leq L$ における解は，A と B を積分定数として

$$\psi(x) = A\exp(jkx) + B\exp(-jkx) \qquad (2\cdot 10)$$

となり（$j = \sqrt{-1}$），波数 k は

$$k^2 = \frac{2mE}{\hbar^2} \tag{2・11}$$

で与えられる．式 (2・10) 右辺の第 1 項は x の正方向へ進む波であり，第 2 項は x の負方向へ進む波を示す．したがって $+x$ 方向に進む波があると，これがポテンシャルの壁で反射されて，$-x$ 方向に進む波ができ，これらが互いに干渉して定在波 (standing wave) をつくる．

電子が井戸の中に閉じこめられているから，境界条件は

$$x=0 \quad \phi(0)=0$$
$$x=L \quad \phi(L)=0 \tag{2・12}$$

である．$A=-B$ となり，井戸内に電子が存在するためには，$\sin kL=0$ でなければならないから，k の値は

$$k = \frac{n\pi}{L}, \quad n=1,\,2,\,3,\,\cdots \tag{2・13}$$

で与えられる．式 (2・8) を用いて積分定数をきめると，式 (2・10) と式 (2・11) から

$$E = \frac{\pi^2 \hbar^2}{2mL^2} n^2 \tag{2・14}$$

$$\phi(x) = \sqrt{\frac{2}{L}} \sin\!\left(\frac{n\pi}{L} x\right) \tag{2・15}$$

となり，電子が存在する確率の密度 $|\phi(x)|^2$ は

$$|\phi(x)|^2 = \frac{2}{L} \sin^2\!\left(\frac{n\pi}{L} x\right) \tag{2・16}$$

である．

エネルギー固有値 E は，式 (2・14) からわかるように，離散的な値となり，連続の値をとらない．図 2・3 はこのようすを示したものであり，エネルギー準位図 (energy level diagram) という．この場合，同図の横軸はあまり意味をもたない．また，式 (2・16) から，$n=1$ と 2 に対する確率密度を求めると図 2・4 となる．たとえば，井戸の中に電子が 1 個あると，そのエネルギーは E_1 をとり，同図からわかるように，井戸の中央部に位置する．さらに，電子が 1 個はいると，パウリの排他原理 (Pauli exclusion principle) によって，E_1 の準位にはいれないから，つぎのエネルギー値 E_2 の準位にはいり，その位置は，$L/4$ または $3L/4$ 付近である．

つぎに自由電子の群速度 v_G と位相速度 v_{PH} を求めよう．式 (2・10) において，$+x$ 方向に進む波の v_G は，式 (2・11)，(2・5) と式 (2・2) から

8　2章　固体のエネルギー帯

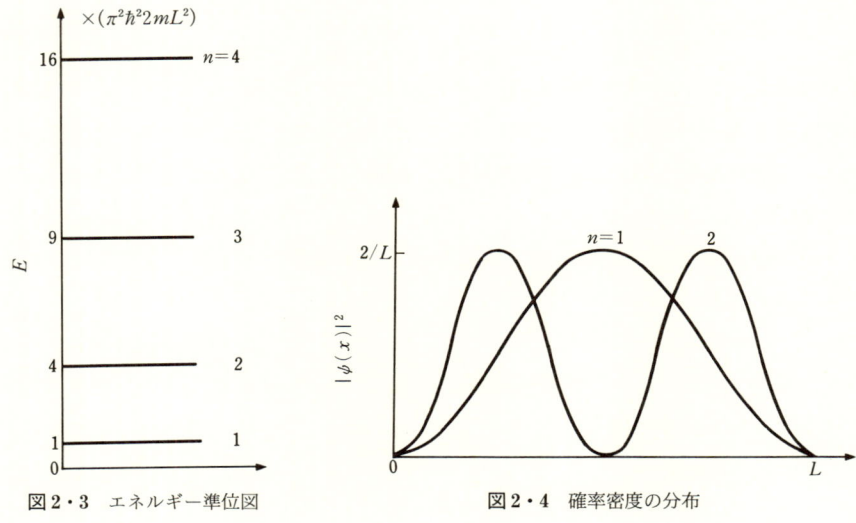

図2・3　エネルギー準位図　　　図2・4　確率密度の分布

$$\nu_G = \frac{p}{m} \qquad (2\cdot17)$$

となる．また，ν_{PH} は式 (2・11)，(2・2) と式 (2・6) から

$$\nu_{PH} = \frac{p}{2m} \qquad (2\cdot18)$$

で与えられ，電子の実際の運動にあまり関係のない速度である．

2・3　状態密度

　実際の結晶は3次元なので，自由電子が1辺 L の長さの立方体に閉じこめられる場合を考える．その固有関数とエネルギー固有値は，式 (2・15) と式 (2・14) から

$$\psi(x,\ y,\ z) = \left(\frac{2}{L}\right)^{3/2} \sin\!\left(\frac{n_x\pi}{L}x\right)\sin\!\left(\frac{n_y\pi}{L}y\right)\sin\!\left(\frac{n_z\pi}{L}z\right) \qquad (2\cdot19)$$

$$E = \frac{\hbar^2}{2m}\left(\frac{\pi}{L}\right)^2 (n_x{}^2 + n_y{}^2 + n_z{}^2) \qquad (2\cdot20)$$

となる．ここで n_x，n_y と n_z は，それぞれ 1, 2, 3, … の値をとる．電子のエネルギーは n_x，n_y と n_z できめられる不連続な値となり，(n_x, n_y, n_z) の1組に対して1つのエネルギー値がきまる．式 (2・20) を書き換えると，

$$n_x{}^2 + n_y{}^2 + n_z{}^2 = \frac{2m}{\hbar^2}\left(\frac{L}{\pi}\right)^2 E \tag{2・21}$$

となり，n_x，n_y と n_z を座標としたとき，半径 $\{(2m/\hbar^2)(L/\pi)^2 E\}^{1/2}$ の球を表す．この座標系で単位体積が (n_x, n_y, n_z) の1つの組に対応するから，この球の体積は (n_x, n_y, n_z) の組の数になる．しかし，n_x，n_y と n_z がともに正の値であるから，体積は全球の 1/8 となる．さらに，電子のスピンを考慮すると，1つの組に対して2つの状態が対応する．したがってエネルギー値が0からEまでの間にある全状態数を $N_T(E)$ とおくと

$$\begin{aligned}N_T(E) &= 2 \times \frac{1}{8} \times \frac{4\pi}{3}\left\{\frac{2m}{\hbar^2}\left(\frac{L}{\pi}\right)^2 E\right\}^{3/2} \\ &= \frac{L^3}{3\pi^2}\left(\frac{2m}{\hbar^2}\right)^{3/2} E^{3/2}\end{aligned} \tag{2・22}$$

である．L^3 は立方体の体積であるから，単位体積あたりの状態数 $N(E)$ は

$$N(E) = \frac{1}{3\pi^2}\left(\frac{2m}{\hbar^2}\right)^{3/2} E^{3/2} \tag{2・23}$$

となる．エネルギー E から $E + dE$ の間にある状態数 $dN(E)$ を $Z(E)dE$ とおくと，式 (2・23) を用いて

$$Z(E) = \frac{dN(E)}{dE} = \frac{1}{2\pi^2}\left(\frac{2m}{\hbar^2}\right)^{3/2} E^{1/2} \tag{2・24}$$

が得られる．上式は，単位体積および全エネルギーの単位量に対して，電子が占めることのできる量子状態の数を示している．この $Z(E)$ は状態密度 (density of state) とよばれ，$E^{1/2}$ に比例する（図 2・5）．

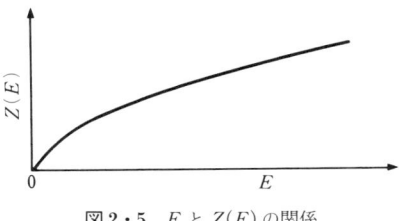

図 2・5　E と $Z(E)$ の関係

2・4　エネルギー準位のバンド構造

固体内の電子の状態を考察するには，はじめに，固体を構成している原子の電子状態を知る必要がある．いま簡単な例として，水素原子を考える．ボーア (N. Bohr)

のモデルによると，この原子は，1個の電子が原子核(陽子と中性子をもつ)のまわりを，半径 r の円軌道を描いて運動している．この r は

$$r = r_B n^2 \quad [\text{pm}] \tag{2・25}$$

で与えられる．$n = 1, 2, 3, \cdots$ は主量子数(principal quantum number)とよび，$r_B = 53$ pm はボーアの半径(Bohr radius)という (1 pm $= 10^{-12}$ m)．これに対応する電子の全エネルギー E は

$$E = -\frac{13.6}{n^2} \quad [\text{eV}] \tag{2・26}$$

となる．1 eV $= 1.602 \times 10^{-19}$ J である．またポテンシャル・エネルギー U は

$$U = -\frac{27.2}{n^2} \quad [\text{eV}] \tag{2・27}$$

で与えられる．すなわち電子は不連続なエネルギー値をとり，n が大きくなるほど半径が増し，全エネルギーは増加する(図 2・6)．$n = \infty$ の場合，$r = \infty$ および $E = 0$ となり，電子は原子の束縛をはなれた自由電子の状態である．原子内の電子は，自由電子の状態より低いエネルギーをもつから安定している．

　主量子数 n できめられる軌道は，電子殻(electron shell)ともよび，$n = 1, 2, 3, \cdots$ に対して K，L，M，$\cdots$ の名がつけられる．また軌道の角運動量をきめる方位量子数(azimuthal quantum number)は，l で示され $(n-1)$ の値をとる．一般に n は数字で示し，$l = 0, 1, 2, \cdots$ には s，p，d，$\cdots$ の記号を用いて電子の状態を表す．さらに磁気量子数(magnetic quantum number)とスピン量子(spin

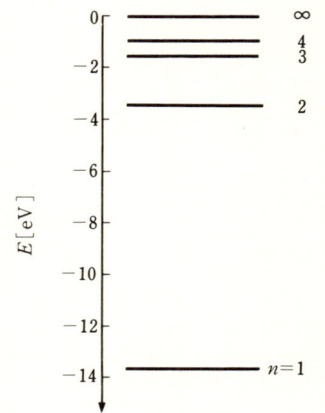

図 2・6　水素原子の電子の全エネルギー準位図

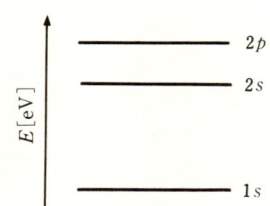

図 2・7　孤立した水素原子の電子のエネルギー準位図

quantum number)を加えた4つの量子数で1つの量子状態がきまり，電子が1個のみはいる．あるnの電子殻に対して，電子がはいる最大数は$2n^2$個となる．また最大数の電子がはいった殻は閉殻(closed shell)という．したがって，同じnでもlが異なると，わずかに異なったエネルギー準位をつくる．図2・7のように，$1s$, $2s$, …などで細かい準位を示す．原子が多くの電子をもつ場合，電子は最低の準位からはいり，最後にはいる電子は最高の全エネルギーをもち，価電子(valence electron)とよばれる．この電子は核から最も離れており，原子の周囲から強い影響をうける．したがって価電子は，原子の化学的性質を支配する．

価電子1個をもつ原子Aについて考えよう．はじめ孤立していると，原子内のポテンシャル・エネルギーの分布は，図2・8(a)のようになり，その価電子aは，エネルギー準位E_3にある．つぎに，2個の原子AとB(価電子bをもつ)がある場合，両原子間の距離が大きいと，それぞれの原子が孤立する場合と同じである

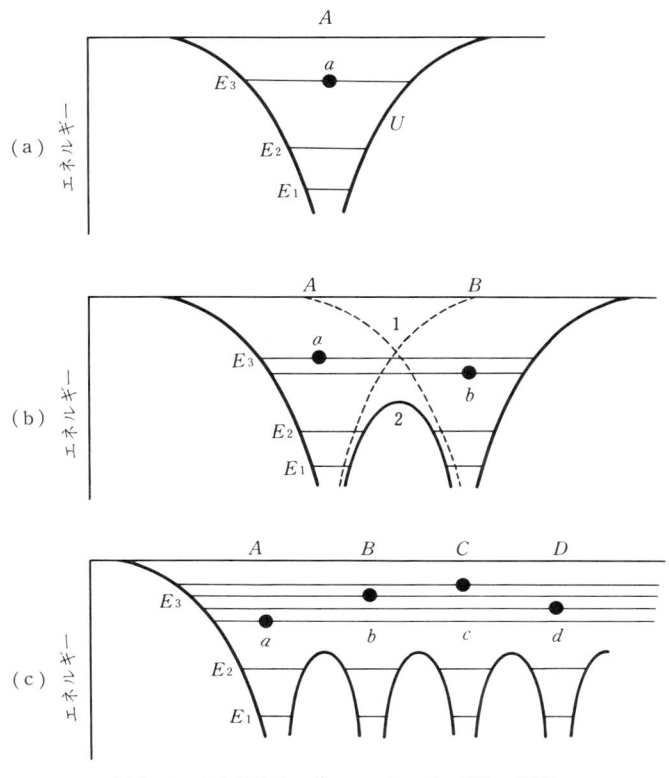

図2・8　1次元結晶モデルのエネルギー準位の説明

が，この距離が小さくなると，図2・8(b)のようなポテンシャル分布となる．すなわち，それぞれの原子の破線で示したポテンシャルの壁の部分が，点1から点2の位置までさがる．電子 a と b に対するエネルギー準位 E_3 は，パウリの排他原理により，かなり近い値をもつ2つのエネルギー準位に分離する．このように，お互いの影響をうけて分かれたエネルギー準位は，原子 A と B に共通した準位となり，電子 a と b は，両原子に対して区別がなくなり，2個の原子内を移動するようになる．さらに多数の原子を考慮すると，図2・8(c)に示したように，点2より高いエネルギー E_3 は，さらに多くの準位に分離する．たとえば4個の原子の場合，図2・9のように4個の準位に分かれる．原子の外側の軌道にある電子ほど，その原子の核の影響をうけないので，他の原子の影響をうけやすく，分離の度合いが大きい．

　結晶(crystal)のような固体についても同様に考察すると，単位体積あたり，かなり多くの原子を含むから，分離した準位がほぼ連続の値をもつとみてよい．このようすはエネルギー準位のバンド構造(band structure)とよばれる．バンド内における準位の連続の程度は，前節で述べた状態密度で表される．

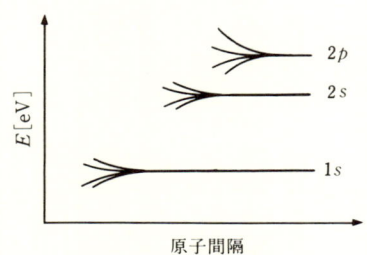

図2・9　原子間隔と電子の全エネルギー

　これまで，ボーアの水素原子のモデルから出発して，エネルギー帯を述べたが，電子波の観点から考えてみよう．水素原子における波動関数 ψ が，半径 r のみの関数として，シュレーデンガーの波動方程式を計算すると，電子のエネルギー固有値は，式(2・26)と一致する．また，1s 電子の確率密度の最大値は，ボーアの半径 $r_B = 53$ pm で与えられる．すなわち，前述した最低のエネルギーをもつ電子軌道は，電子が存在する確率密度の最大値を与える半径に相当する．1s, 2s と 3s 電子の確率密度の半径方向分布を図2・10に示す．これらは電子の存在のぼやけたようすを表しており，電子雲ともよばれる．

　同図において，1s は最低のエネルギー準位であるから，基底状態(ground

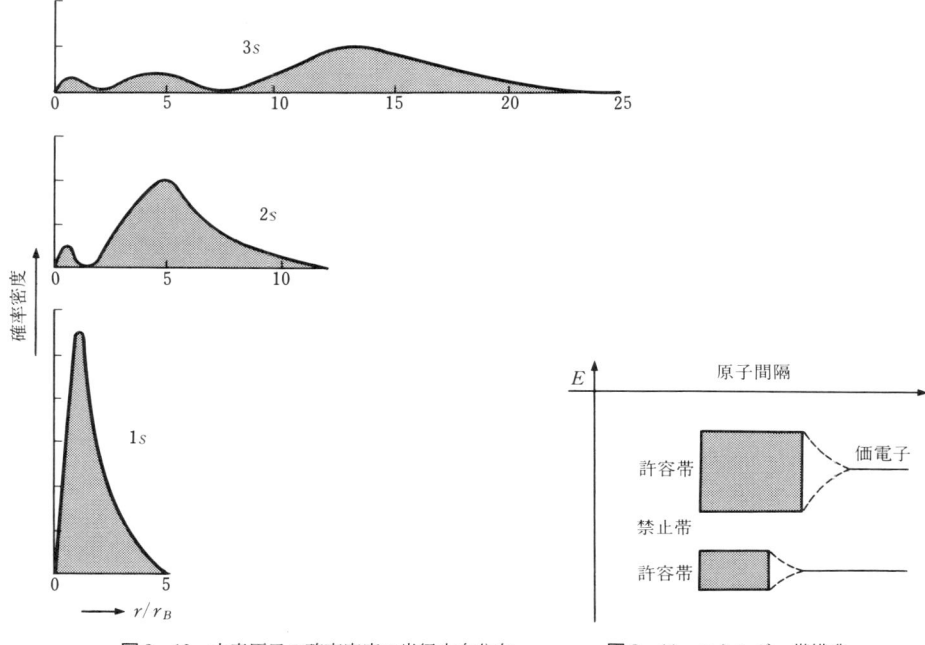

図2・10 水素原子の確率密度の半径方向分布　　図2・11 エネルギー帯構造

state)とよび，2s と 3s は高いエネルギーをもつから励起状態(excited state)という．これらの状態について，電子は極小値の部分を自由に横切り，その存在の確率が，その場所の振幅で与えられるように動きまわる．エネルギーの放射は，たとえば 2s から 1s へ変化するような場合に起きる．また，図2・10 は，n が増すと，最も大きい極大値を与える r の値が増加することを示している．すなわち，電子雲の半径が大きくなると，電子のもつ全エネルギーが大きくなる．このことは，前述した n と電子軌道との関係に対応している．したがって，電子のエネルギーを説明するのに，軌道のモデルが現在でもよく用いられる．

　電子雲の半径が増加すると，他の原子の影響をうけやすく，エネルギー準位は，原子間隔が大きいところで分離しはじめる．生じるエネルギー帯の幅は，高いエネルギー準位にある励起状態ほど広くなる(図2・11)．電子の存在が許されるバンドは，許容帯(allowable band)とよばれ，これらのバンドの間には，電子が存在しないから，禁止帯(forbidden band)という．このようすは，一般に図2・12 のようなエネルギー帯図(energy band diagram)として描かれる．同図の縦軸は電子の全エネルギーを示し，横軸は一般に結晶内の位置を示すことが多い．

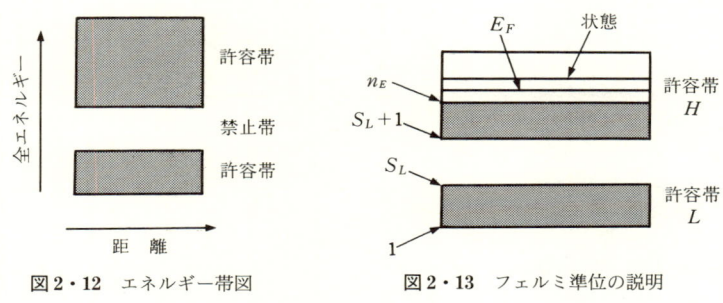

図2・12　エネルギー帯図　　　　図2・13　フェルミ準位の説明

n_E 個の電子が許容帯にはいるようすを考えよう．図2・13に示したように，2つの許容帯 L と H をとりあげ，低いバンドの状態密度を S_L，高いバンドのそれを S_H とおき，$S_L + S_H > n_E$ とする．最初の電子は，最低のエネルギー準位にはいるから，同図の L 帯の下端の状態を占め，2番目の電子は，すぐその上の準位にはいる．L 帯には S_L 個の電子があり，S_{L+1} 番目の電子は，H 帯の下端の状態にはいる．したがって，n_E 番目の電子が，H 帯で最も大きい全エネルギーをもつ．つぎに，$n_E + 1$ 番目の電子がはいるであろう準位と，n_E 番目がいる準位との中間をフェルミ準位(Fermi level) E_F とよぶ．L 帯は電子で完全に満ちているから，充満帯(filled band)といい，H 帯は部分的に満たされているから，伝導帯(conduction band)とよばれる．

2・5　導体，半導体と絶縁体のエネルギー帯

金属(metal)と絶縁体(insulator)のエネルギー帯図の例を図2・14に示す．同図の E_F はフェルミ準位，E_C は伝導帯の底のエネルギー，および E_V は充満帯の上端の全エネルギーである．同図(a)の金属で，伝導帯にある電子に，電界など

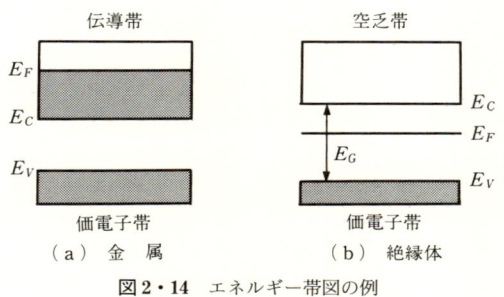

図2・14　エネルギー帯図の例

2・5 導体，半導体と絶縁体のエネルギー帯

でエネルギーを与えると，その電子は伝導帯内の空席の準位にはいり，自由電子となって動きまわる．このようなエネルギー帯をもつ金属は，導体(conductor)であり，伝導帯にある電子を伝導電子(conduction electron)という．図2・14(b)は，絶縁体の場合であり，低い許容帯は充満帯であるが，価電子がはいっているから，価電子帯(valence band)ともいう．上の許容帯は，電子が全くはいっていないから，空乏帯(empty band)とよばれ，フェルミ準位 E_F は禁止帯内にある．価電子帯は電子で満たされており，エネルギーを得た電子のはいる空席がないから，価電子帯内の電子は電流を運ばない．また空乏帯には電子がないから，やはり電流が流れない．禁止帯の幅は，エネルギー・ギャップ(energy gap)とよばれ，これを E_G とおくと，$E_G = E_C - E_V$ である．室温 T [K]にある電子のエネルギーは，ほぼ $k_B T$ で与えられる．絶縁体では，一般に $E_G \gg k_B T$ であり，電子が価電子帯から空乏帯へ移れないから，電気伝導が起こらない．k_B は，ボルツマン定数(Boltzmann's constant)であり，1.38×10^{-23} J/K $= 8.617 \times 10^{-5}$ eV/K に等しい．たとえば，$T = 300$ K の場合，$k_B T \fallingdotseq 26$ meV であり，二酸化けい素(SiO_2)の E_G は 8 eV である．

半導体(semiconductor)のエネルギー帯図を図2・15に示す．温度が低い場合，フェルミ準位 E_F 以下のすべての状態に電子がはいっており，E_F より高い状態に存在しない．このようすは絶縁体と似ているが，半導体のエネルギー・ギャップ E_G は狭い．たとえば，けい素(Si)とひ化ガリウム(GaAs)の E_G は，それぞれ 1.10 eV と 1.43 eV である．したがって，温度が高くなると，図2・15の右側に示したように，ある程度の電子が価電子帯より空乏帯にはいり，伝導電子となる．つまり，空乏帯が伝導帯になり，電子が動きまわる．また価電子帯には，電子の抜け穴ができて，そのバンド内のほかの電子が，抜け穴にはいってくるから，価電子帯でも電子の移動が可能となる．この場合，電子の移動を考えるかわりに，その抜け

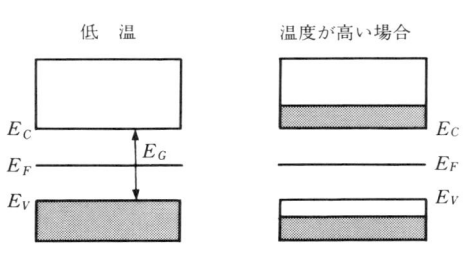

図2・15 真性半導体のエネルギー帯図

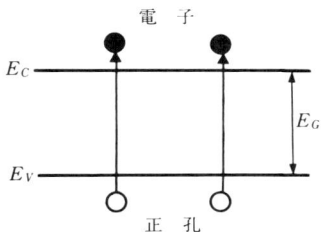

図2・16 電子と正孔の説明

穴が動きまわると考える．この孔を正孔(positive hole)といい，大きさ q の正の電荷をもつ．したがって，図 2・16 のように，価電子帯にある電子が空乏帯にはいると，伝導電子と正孔の対(pair)が，それぞれ動きまわると考える．このようなバンド構造をもつ半導体は，真性半導体(intrinsic semiconductor)とよばれ，純粋な Si などがその例である．また，このような半導体は，隣接する原子間で，価電子を共有しており，共有結合(convalent bond)とよばれる．しかし，結合の程度は弱く，温度が上昇すると結合がきれて，伝導電子となる．

2・6 ブリルアン帯

多数の原子で構成された (x 方向に周期 a で並ぶ)，1次元の結晶を考える．内部のポテンシャル $U(x)$ は，前述の図 2・8(c)に示したが，ここに再び掲げて図 2・17 とする．両端のポテンシャルは高く，結晶内の電子に対して，真空準位となり，電子は真空中に自由に放出されない．結晶内部では，原子間のポテンシャル壁が低いので，電子は隣の原子へ自由に移動できる．したがって，電子にはたらく内部のポテンシャルは，原子間隔 a と同じ周期で変化する．

ポテンシャル U_0 が図 2・18 のように，周期 a で分布すると考えて，1個の電子

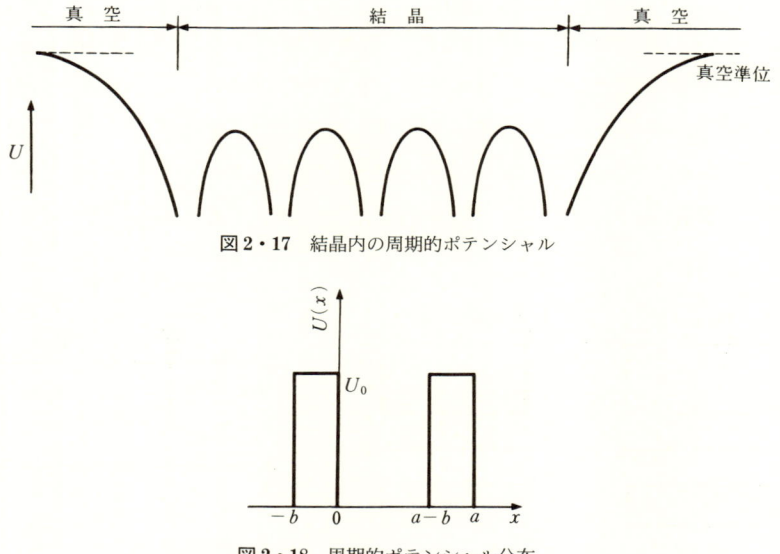

図 2・17　結晶内の周期的ポテンシャル

図 2・18　周期的ポテンシャル分布

の運動を調べる．ポテンシャル $U(x)$ は

$$U(x) = U_0 \quad -b \leqq x \leqq 0 \\ U(x) = 0 \quad 0 < x < a-b \\ U(x \pm a) = U(x)$$

(2・28)

とする．電子のエネルギー E と波数 k の関係，つまり Ek 曲線は図2・19のようになり，k に対して E はとびとびの値をとる．

また図2・19で，k の値が

$$k = \pm\frac{\pi}{a}, \ \pm\frac{2\pi}{a}, \ \pm\frac{3\pi}{a}, \ \ldots$$

(2・29)

で Ek 曲線は不連続となる．これらの式を満たす波長の電子波は，伝搬できないことを示し，その波長に対応するエネルギー E が禁止される．すなわち1次の反射

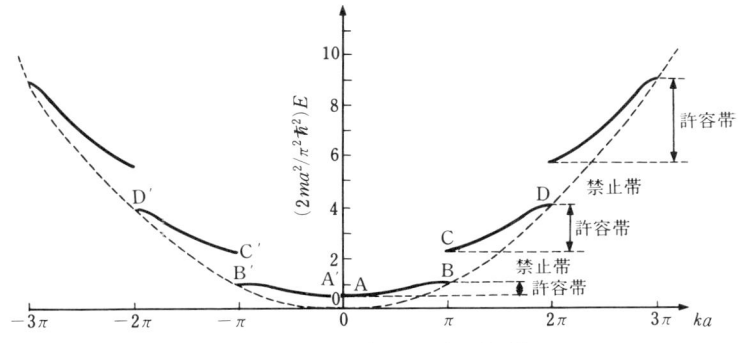

図2・19 Ek 図 ($P = 3\pi/2$ の場合)

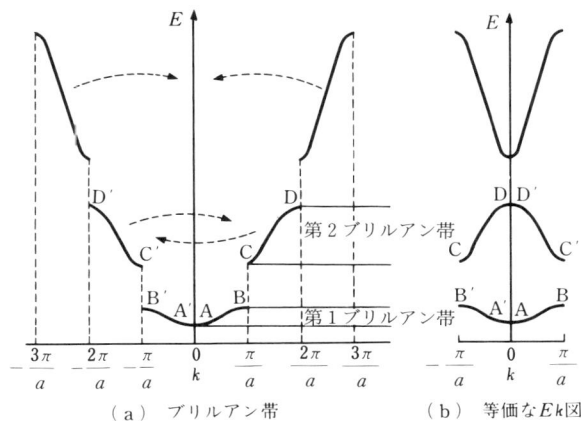

(a) ブリルアン帯　　(b) 等価な Ek 図

図2・20 ブリルアン帯域

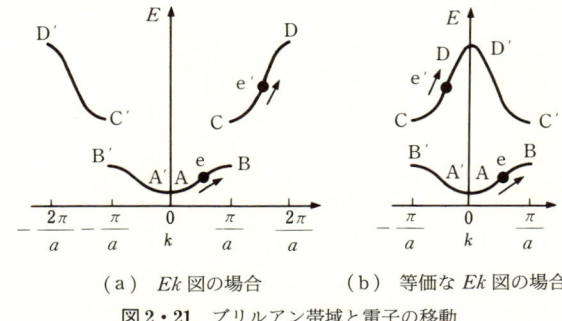

(a) Ek 図の場合　　(b) 等価な Ek 図の場合
図 2・21　ブリルアン帯域と電子の移動

が $k = \pm\pi/a$ で発生し，1次の禁止帯となる．同様に $k = \pm 2\pi/a$，… で反射が起こり，2次，3次，… の禁止帯ができる．許されるエネルギーを含む許容帯の幅は，E の値が増すにしたがって広くなる．

領域 $-\pi/a < k < \pi/a$ は第1ブリルアン帯域 (the first Brillouin zone) とよばれ，$k = 0$ から1次の反射が起こるまでの k の範囲を示す．また，$-2\pi/a < k < -\pi/a$ と $\pi/a < k < 2\pi/a$ を合わせた領域は，第2ブリルアン帯域といい，1次の反射から2次の反射までの k の範囲を示す．このようにして第3，第4，…ブリルアン帯がきめられる．

次数が変化しても，k の範囲は $2\pi/a$ であるから，k の領域を $-\pi/a$ と π/a の間に限定して考える場合が多い．このような k の値を等価な k とよび，図 2・20 に示した．同図 (a) は図 2・19 と同じであり，その Ek 曲線を矢印のように水平に移動すると，同図 (b) のように，それぞれの曲線が1つにまとまり，等価な Ek 図となる．この図では，各点がどこに移ったかも記入してある．

Ek 図の $k = \pm\pi/a$，$\pm 2\pi/a$，… で，反射が起こると前述したが，電子の動きを考えよう．図 2・20 の第1と第2のブリルアン帯域を，再び図 2・21 に示す．同図 (a) で，電子が点 e におり，それに外力 f が加わると，電子の波数 k は，後述の式 (2・32) により増加する．エネルギーも増し，電子は Ek 曲線に沿って移動する．$k = \pm\pi/a$ の点 B と B' の E の値は同じである．点 B' から曲線に沿って右へ移り，点 A' と A を通って点 e へもどり同じことを繰り返す．図 2・21 (b) の等価な Ek でも容易に説明できる．

このように，周期的ポテンシャル内 (1次元) で，1個の電子を考えても，エネルギー準位がバンド構造となる．図 2・22 に金属，絶縁体と真性半導体の Ek 図と電子の状態を示す．

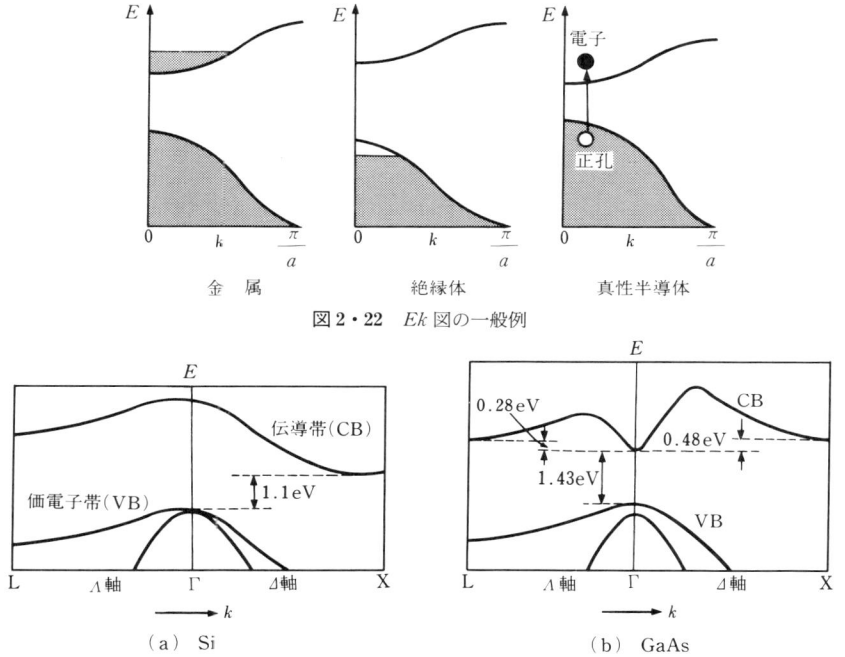

図2・22 Ek 図の一般例

図2・23 実際の Ek 図

実際のエネルギー帯の具体的な形は，多くの実験と理論計算によってきめられる．図2・23にSiとGaAsのEk曲線の一部を概念的に示す．同図(a)で，Siの伝導帯の最小点は，$\varDelta$軸に沿ってX点のすこし内側にある．また価電子帯の最大点はΓ点にある．このような半導体は，間接ギャップ半導体(indirect-gap semiconductor)とよばれる．同図(b)のGaAsでは，伝導帯の最小点がΓ点にある．また価電子帯の形はSiに似ており，その最大点もΓ点にある．このように伝導帯の最小点が，価電子帯の最大点の真上にある半導体は(ここではΓ点)，直接ギャップ半導体(direct-gap semiconductor)という．

2・7 有効質量

速度 v_G で移動する電子に，力 f が作用している場合を考える．力がなす仕事は，単位時間あたり $v_G f$ である．これによって，電子のエネルギー $E(k)$ は変化し

$$\frac{dE(k)}{dt} = v_G f \tag{2・30}$$

となる．式(2・30)の左辺は

$$\frac{dE(k)}{dt} = \frac{dE(k)}{dk}\frac{dk}{dt}$$

と書けるから，式(2・5)の E を $E(k)$ とおいて，上式に用いると

$$\frac{dE(k)}{dt} = \hbar v_G \frac{dk}{dt} \tag{2・31}$$

である．式(2・30)と式(2・31)を比較すると

$$f = \hbar \frac{dk}{dt} \tag{2・32}$$

となる．すなわち，電子に力 f が加えられると，電子のエネルギーが変化し，電子の波数が，式(2・32)によって変わることを示している．

さらに，式(2・5)を t で微分すると

$$\frac{dv_G}{dt} = \frac{1}{\hbar}\frac{d^2E(k)}{dk^2}\frac{dk}{dt}$$

であるから，式(2・32)の dk/dt を上式に代入すると

$$\frac{dv_G}{dt} = \frac{1}{\hbar^2}\frac{d^2E(k)}{dk^2}f \tag{2・33}$$

となる．したがって，

$$\frac{1}{m^*} = \frac{1}{\hbar^2}\frac{d^2E(k)}{dk^2} \tag{2・34}$$

とおくと，式(2・33)は

$$f = m^* \frac{dv_G}{dt} \tag{2・35}$$

となり，ニュートン(I. Newton)の運動方程式と形式的に一致する．結晶内の電子は，ちょうど m^* の質量をもつ古典的な電子として加速される．この m^* は有効質量(effective mass)とよばれ，波数 k の関数である．金属では，一般に真空中の電子の質量 m_0 に近い値をもつが，半導体や絶縁体ではかなり異なることが多い ($m_0 = 9.109 \times 10^{-31}$ kg)．さらに，半導体の m^* は，方向によりその値が異なる．Si と GaAs の一例を表 2・1 に示す．同表で $m_N{}^*$ と $m_P{}^*$ は，それぞれ伝導電子と正孔の有効質量である．

表 2・1 Si と GaAs の有効質量

		Si	GaAs
伝導電子	$m_N{}^*/m_0$	0.19	0.068
正 孔	$m_P{}^*/m_0$	0.50	0.50

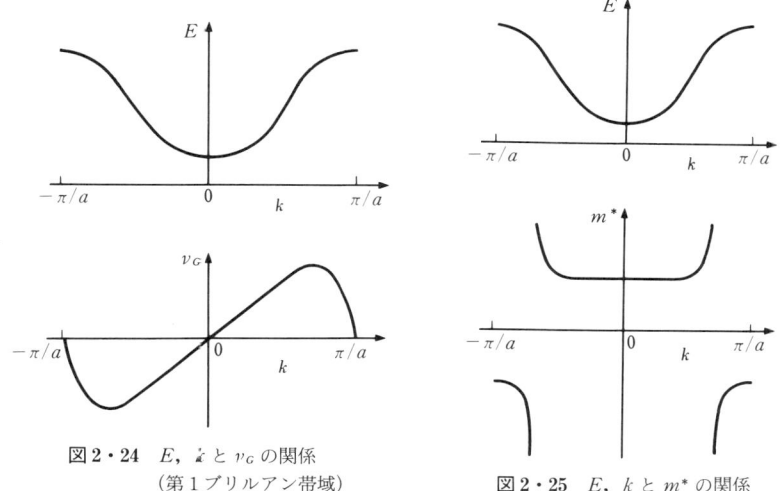

図2・24 E, k と v_G の関係
（第1ブリルアン帯域）

図2・25 E, k と m^* の関係

図2・24に，第1ブリルアン帯域における v_G の例を示す．$k=0$ から出発した電子の速度は，加速されて右へ進み，E-k 曲線の変曲点で $|v_G|$ が最大となり，その後は次第に減速して，E 最大の点で $v_G=0$ となる．電子は $k=\pi/a$ から $k=-\pi/a$ に現れ，そこから右方を向く v_G となり，その方向に加速され，曲線の変曲点を過ぎると再び減速され，$k=0$ で $v_G=0$ となり，はじめの状態にもどる．このようにブリルアン帯域の底と頂上で，群速度が0であることは，それらの点で電子波が定在波であり，ポテンシャル・エネルギーのみであることを示す．

つぎに，第1ブリルアン帯域における m^* の例を図2・25に示す．E-k 曲線の変曲点では m^* が無限大となり，低い E の部分では $m^* > 0$ となる．またブリルアン帯域の境界付近，つまり許容帯の上端付近では $m^* < 0$ となり，電子が正電荷をもつ粒子と同じように振舞う．つまり負の有効質量をもつ粒子は正孔に相当する．

[例題2・1]　$T=300$ K の場合，電子のエネルギーはいくらか．
[解]　室温 T [K] のとき，電子のエネルギーは $k_B T$ である．k_B はボルツマン定数であるから
$$k_B T = 8.617 \times 10^{-5} \times 300 \fallingdotseq 26 \times 10^{-3} \text{ eV} = 26 \text{ meV}$$

[例題2・2]　電子が図2・2のポテンシャル内に閉じこめられている場合，電子がポテンシャル内で見いだされる確率は1である．式(2・16)で確かめよ．

[解] 式 (2・16) を式 (2・8) に代入すると
$$\int_0^L |\phi(x)|^2 dx = \frac{2}{L}\int_0^L \sin^2\left(\frac{n\pi}{L}x\right)dx = \frac{2L}{Ln\pi}\int_0^{n\pi}\sin^2 X dx$$
$$= \frac{2}{n\pi}\left[-\frac{1}{4}\sin 2x + \frac{1}{2}x\right]_0^{n\pi} = 1$$

ここで，$X = (n\pi/L)x$，$dX = (n\pi/L)$，$x = 0$ で $X = 0$，$x = L$ で $n\pi$ とおいた．

演 習 問 題

1. $f\lambda = v_{PH}$ であることを示せ．
2. 粒子の速度 v が v_G に一致することを確めよ．
3. 下記を説明せよ
電子波の波数，状態密度，充満帯，ブリルアン帯，有効質量，直接ギャップ半導体，間接ギャップ半導体．

3章 半導体のキャリア

3・1 真性と外因性半導体

　純粋なIV族元素Siの真性半導体は，原子が4個の価電子をもつ．周囲の原子4個と，電子を1個ずつ共有して結合し，どの原子の$3s3p$も8個の電子をもち安定となる．このような共有結合を2次元的なモデルで表現すると，図3・1となる．温度が低いと，これらの電子は原子間の結合にくみこまれて動けないから，電気伝導が起こらない．室温程度になると，加えられた熱エネルギーは格子振動を通して価電子に与えられる．その結果いくつかの価電子は，共有結合からはなれて伝導電子となる（図3・2）．価電子がぬけた結合の付近では，電気的な中性が破れて正電荷が現れる．したがって付近の共有結合から，価電子が移動し，正電荷はその結合へ移る．この価電子の動きは，伝導電子の移動と独立であるから，正電荷つまり正孔の移動と考えてよい．伝導電子と正孔はキャリア（carrier）といい，真性半導体

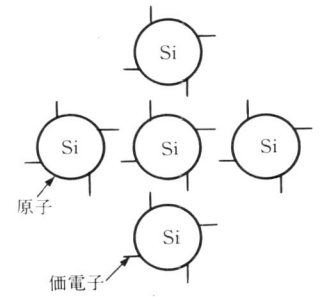
図3・1　Si真性半導体の共有結合モデル

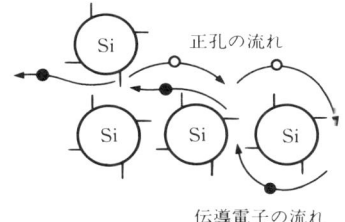
図3・2　真性Siの伝導電子と正孔の発生

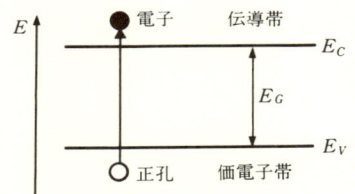

図3・3 真性半導体のエネルギー帯図の説明

では，それぞれの密度が等しく，ともに電気伝導に寄与する．このような説明は，ボンド・モデル (bond model) で考察するという．

真性半導体のエネルギー帯図を再び図3・3に示す．縦軸は電子の全エネルギーを示すから，上にある電子ほど，また下にある正孔ほど，それぞれの全エネルギーが高い．伝導帯の底 E_C は，価電子が共有結合からはなれるために，必要な最低の全エネルギーである．また，エネルギー E_C をもつ伝導電子は，余分なエネルギーをもたないから，マクロな速度が0である．すなわち，E_C は伝導電子のポテンシャル・エネルギーに相当する．したがって伝導電子の運動エネルギーは，その全エネルギーから E_C を除いた値となる．同様に価電子帯の上端の全エネルギー E_V が，正孔のポテンシャル・エネルギーに対応する．

V族のりん (P)，ひ素 (As) やアンチモン (Sb) などは，5個の価電子をもち，IV族の Si と似た性質を示す．したがって，結晶を構成する Si 原子の一部が V 族原子でおき換えられる．このV族の原子は，ドナー (donor) とよばれ，そのボンド・モデルを図3・4に示す．ドナーの価電子5個のうち，4個は Si 原子と共有され，核の近くを運動する．その結果，遠くからみると，ドナーは電荷 $+q$ をもつようにみえ，残りの1個の価電子は，ドナーの周囲を動き回る．この場合，ドナーに結合されるエネルギーを ΔE_B とすれば，図3・5のエネルギー帯図において，ド

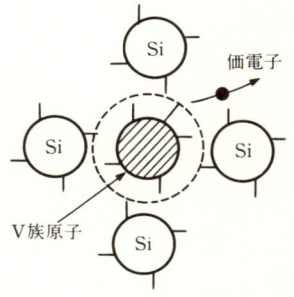

図3・4 Si が V 族原子を含む場合のモデル

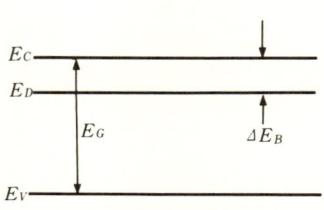

図3・5 ドナー準位 E_D

ナーのエネルギー準位は，E_C から禁止帯の側に測り，$\varDelta E_B$ の位置にくる．この準位 E_D は，ドナー準位とよばれ，$\varDelta E_B$ は 45 meV 程度である．低温では，この 5 番目の価電子は，ドナーに束縛されるから，ドナーは電気的に中性である．室温程度になると，この価電子は結合からはなれて伝導電子となり，残ったドナーには正電荷ができる．すなわち，ドナーはイオン (ion) となり，発生した伝導電子の密度は，ドナー密度にほぼ等しい．このようにドナーを含む半導体は，真性半導体に比べて，伝導電子の密度が正孔のそれより高くなり，n 形半導体 (n-type semiconductor) とよばれる．また，伝導電子を多数キャリア (majority carrier)，正孔を少数キャリア (minority carrier) という．

III 族のほう素 (B)，アルミニウム (Al)，ガリウム (Ga) およびインジウム (In) などは，価電子 3 個をもち，IV 族の Si と似た特性を示す．したがって III 族原子は，Si 結晶中の一部とおき換えられ，アクセプタ (acceptor) とよばれる．この場合アクセプタは，周囲の Si 原子から価電子をぬいて完全な共有結合になろうとする．それでアクセプタは負の電荷をもち，つまり負イオンとなり，Si 原子には正孔ができる（図 3・6）．アクセプタの準位 E_A は，E_V より結合エネルギー $\varDelta E_B \fallingdotseq 55$ meV だけ高い（図 3・7）．室温ではアクセプタがすべてイオン化しているから，正孔密度はアクセプタの密度にほぼ等しい．アクセプタを含む半導体は，多数キャリアが正孔，少数キャリアが伝導電子となるから，p 形半導体 (p-type semiconductor) とよばれる．アクセプタはドナーとともに不純物 (impurity) といい，これらを添加することをドーピング (doping)，そして少量の導入物をドーパント (dopant) ともいう．また，不純物を含む半導体を外因性半導体 (extrinsic semiconductor) とよぶ．

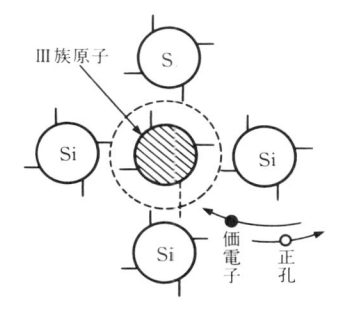

図 3・6 Si が III 族原子を含む場合のモデル

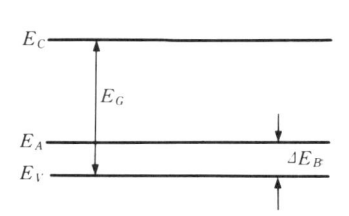

図 3・7 アクセプタ準位 E_A

3・2 真性半導体のキャリア密度

熱平衡状態にある伝導電子の密度は，伝導帯内の状態数と，その状態に伝導電子がはいる確率より求められる．

電子が許されるエネルギー E の状態に，はいる確率を $f_N(E)$ とすれば

$$f_N(E) = \frac{1}{1 + \exp\left(\dfrac{E - E_F}{k_B T}\right)} \tag{3・1}$$

で与えられる．これはフェルミ・デラック分布関数 (Fermi-Dirac distribution function) とよばれ，E_F はフェルミ準位，k_B はボルツマン定数および T は温度 [K] である．図 3・8 に分布関数のようすを示す．同図から明らかなように，$T = 0$ K の場合，$E < E_F$ なら $f_N(E) = 1$，$E > E_F$ になると $f_N(E) = 0$ である．つぎに $T > 0$ K の場合，E_F 付近の状態にあった電子の一部は，熱運動のため高いエネルギー状態となる．すなわち，$E_F - E \gg k_B T$ なら，$f_N(E) = 1$ となり，0 K の場合の分布と同じであるが，E_F 付近の値に対しては，$f_N(E) < 1$ となり，いま

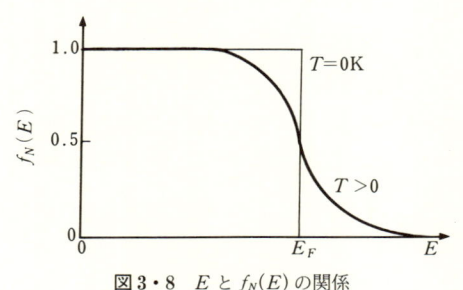

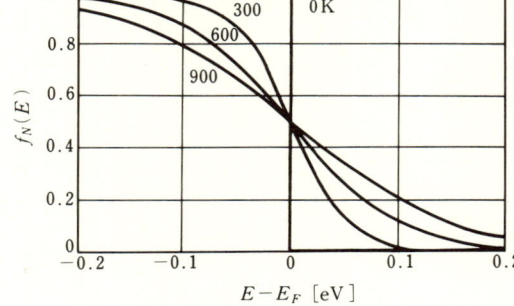

図 3・8 E と $f_N(E)$ の関係

図 3・9 E_F 付近の $f_N(E)$

まで満たされていた準位の一部があいてしまう．この付近を拡大して示すと図3・9となる．また $E = E_F$ の場合，k_BT は有限な値であるから，$f_N(E) = 0.5$ となる．さらに $E_F - E \gg k_BT$ ならば

$$f_N(E) = \exp\left(-\frac{E - E_F}{k_BT}\right) \tag{3・2}$$

であり，ボルツマン分布(Boltzmann distribution)となる．

正孔が価電子帯($E \leqq E_F$)のエネルギー E の状態にはいる確率 $f_P(E)$ は，正孔が価電子の抜け穴であることに留意すると，

$$f_P(E) = 1 - f_N(E) \tag{3・3}$$

で与えられる．さらに $E_F - E \gg k_BT$ の場合

$$f_P(E) = \exp\left(-\frac{E_F - E}{k_BT}\right) \tag{3・4}$$

となる．

金属の伝導電子のエネルギー準位と，分布関数の関係を図3・10に示した．同図の E_{CT} は伝導帯の上限であり，E_{VB} は価電子帯の下限を示す．伝導帯には，初めから電子がはいっているので，E_F は伝導帯の中にある．この E_F は電子が占めるエネルギー準位の最大値の目安を示すが，$T > 0\,\mathrm{K}$ の場合，$f_N(E_F) = 0.5$ であるから，フェルミ準位は常に半分だけ空になっている．すなわち，熱エネルギーを得て，E_F より高いエネルギーをもつ電子も現れ，同時に E_F より低い準位でも電子が存在しない場合もでてくる．しかし，金属の伝導電子数はかなり多いから，電子がもつエネルギーの最大値を E_F とみなすことが多い．

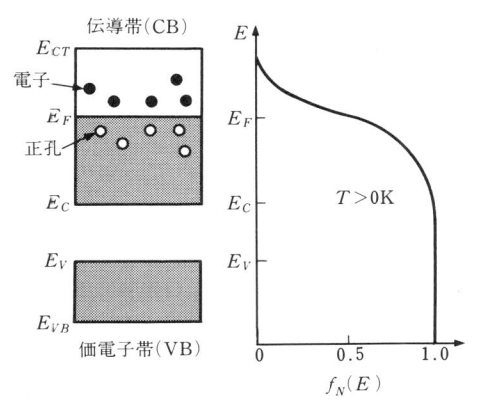

図3・10　金属の伝導電子分布の模式的説明

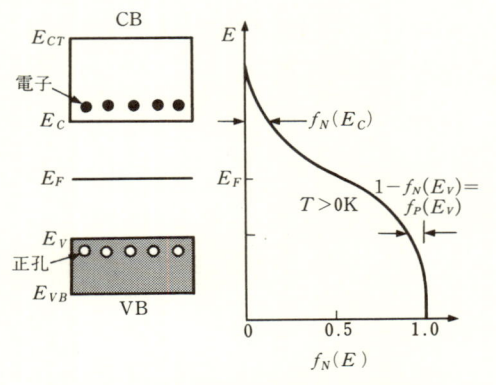

図3・11 真性半導体の電子分布の模式的説明 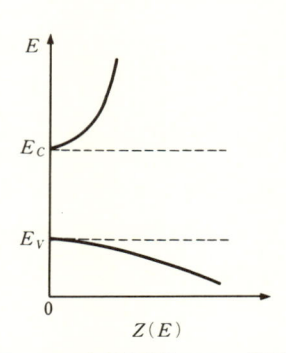　　**図3・12** 真性半導体の E と $Z(E)$

　$T = 0\,\mathrm{K}$ の真性半導体の価電子帯は，電子で満たされているが，伝導帯には電子がない．すなわち，価電子帯で $f_N(E) = 1$ となり，伝導帯で $f_N(E) = 0$ である．また $f_N(E) = 0.5$ となるフェルミ準位は禁止帯にある．$T > 0\,\mathrm{K}$ になると，図3・11 に示したように，価電子帯の電子が熱的に励起され，伝導電子と正孔が発生する．したがって，伝導帯の底 E_C で $f_N(E_C) > 0$ となり，電子が存在する．また価電子帯の上端 E_V では，$f_N(E_V) < 1$ となり，正孔が存在する確率（つまり電子が存在しない確率）は，$f_P(E_V) = 1 - f_N(E_V)$ で与えられる．真性半導体では，伝導電子と正孔の数が等しいから，$f_N(E_C)$ と $f_P(E_V)$ がほぼ等しいとすると，E_F はエネルギー・ギャップのほぼ中央にくる．

　つぎに真性半導体の電子密度 n を求めよう．状態密度 $Z(E)$ は式 (2・24) で与えられる．同式は自由電子（質量 m）について求めたから，いまの伝導電子の場合，m を有効質量 $m_N{}^*$ におき換えるとよい．E と $Z(E)$ の関係を図3・12 のようにおくと，伝導電子の状態密度は

$$Z(E) = 8\sqrt{2}\pi \left(\frac{m_N{}^{*3/2}}{h^3}\right)(E - E_C)^{1/2} \tag{3・5}$$

となる．$h = 2\pi\hbar$ を用いた．価電子帯の頂上付近の正孔についても

$$Z(E) = 8\sqrt{2}\pi \left(\frac{m_P{}^{*3/2}}{h^3}\right)(E_V - E)^{1/2} \tag{3・6}$$

である．$m_P{}^*$ は正孔の有効質量である．したがって伝導帯において，E と $E + dE$ の間にはいる電子密度は $Z(E)f_N(E)dE$ であるから，n は

$$n = \int_{E_C}^{E_{CT}} Z(E)f_N(E)dE \tag{3・7}$$

で与えられる．ここで E_C と E_{CT} はそれぞれ伝導帯の底および上端である．図3・

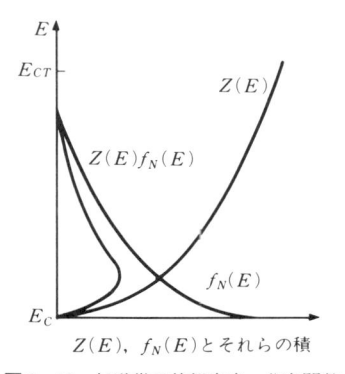

3・2 真性半導体のキャリア密度　**29**

図3・13 伝導帯の状態密度, 分布関数と電子密度

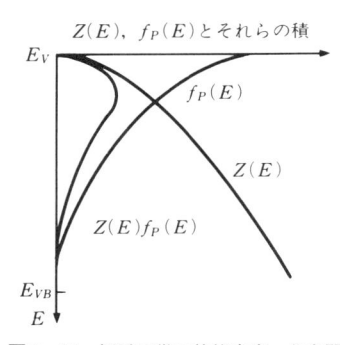

図3・14 価電子帯の状態密度, 分布関数と正孔密度

13に伝導帯の $Z(E)$, $f_N(E)$ およびこれらの積のようすを示した. E_F はエネルギー・ギャップのほぼ中央にあり, E_C は E_F より k_BT の数倍はなれている. また $f_N(E)$ は, E の増加とともに指数関数的に減少するから, 積分の上限 E_{CT} を ∞ としてよい. したがって式(3・2)と式(3・5)を用いると

$$n = A_C \exp\left(-\frac{E_C - E_F}{k_BT}\right) \tag{3・8}$$

$$A_C = 4\sqrt{2}\left(\frac{\pi m_N{}^* k_BT}{h^2}\right)^{3/2} \tag{3・9}$$

が得られる. ここで A_C は実効状態密度 (effective density of state) とよばれる. すなわち伝導電子がもつエネルギー準位の広がりがかなり小さいため, それらがすべて E_C にあると考え, そのときの状態密度 A_C である.

価電子帯の正孔密度 p も同様にして求められ (図3・14)

$$p = A_V \exp\left(-\frac{E_F - E_V}{k_BT}\right) \tag{3・10}$$

$$A_V = 4\sqrt{2}\left(\frac{\pi m_p{}^* k_BT}{h^2}\right)^{3/2} \tag{3・11}$$

となる. また表3・1に, Si と GaAs の A_C と A_V の例を示す.

表3・1 300 K の実効状態密度の例 [m^{-3}]

	A_C	A_V
Si	2.8×10^{25}	1.02×10^{25}
GaAs	4.7×10^{23}	7.0×10^{24}

真性半導体の n と p に等しいから

である. ここで n_I は真性キャリア密度 (intrinsic carrier density) とよばれる.
これらの結果から E_F を計算すると

$$n = p = n_I \quad (3\cdot 12)$$

$$E_F = \frac{1}{2}(E_C + E_V) + \frac{3}{4}k_B T \ln\left(\frac{m_P{}^*}{m_N{}^*}\right) \quad (3\cdot 13)$$

が得られる. 上式の E_F を E_I とおいて, 真性フェルミ準位 (intrinsic Fermi level) ともいう. またこの式の右辺第2項は, エネルギー・ギャップ $E_G = E_C - E_V$ にくらべて小さいから, E_F はほぼ E_G の中央にくる (例題3・2参照).

積 pn (product pn) は

$$pn = n_I{}^2 = A_C A_V \exp\left(-\frac{E_G}{k_B T}\right) \quad (3\cdot 14)$$

$$n_I = \sqrt{A_C A_V} \exp\left(-\frac{E_G}{2k_B T}\right) \quad (3\cdot 15)$$

となる. n と p は, 外因性半導体についてもなり立つ. しかし E_F は成立せず, その値は不純物の種類や量により変化する (次節参照). 積 pn は T と E_G できめられ, E_F には関係しない. たとえばドナー添加により n が増加すれば, p が減少する. すなわち n が多数キャリアとなり, p は少数キャリアである. この積が一定の関係は質量作用の法則 (law of mass reaction) とよばれる.

つぎに n_I の対数をとると

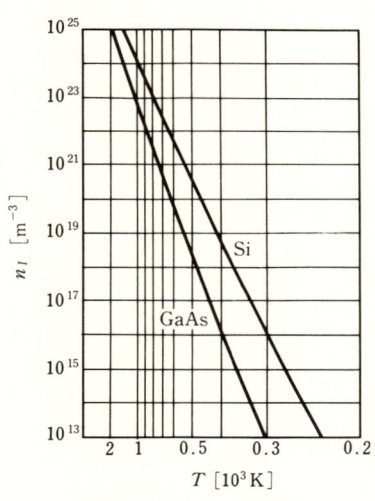

図3・15 T と n_I の関係

$$\ln n_I = \frac{1}{2} \ln A_C A_V - \frac{E_G}{2k_B T} \tag{3・16}$$

である．A_C と A_V はともに $T^{3/2}$ に比例するが，T の変化による右辺第 1 項の変化量は少ないから，第 2 項で n_I の温度特性がほぼきめられる．図 3・15 に n_I の温度依存性を示した．$T = 300\,\mathrm{K}$ の場合，Si で $1.5 \times 10^{16}\,\mathrm{m}^{-3}$ および GaAs で $1.1 \times 10^{13}\,\mathrm{m}^{-3}$ である．

3・3 外因性半導体のキャリア密度

積 pn 一定の法則は外因性 n にも成立する．n 形（ドナー密度 N_D）で，温度が低いと，ドナーの価電子が結合より離れないので，n はかなり小さい．温度が上がると，ドナーから伝導帯に励起される価電子が増して，n も次第に高くなる．ドナーがすべてイオン化すると，温度を上げても n は変化しない．さらに温度が高くなると，価電子帯から伝導帯へ励起される電子が多くなり，n が急激に増加する．この特性を調べよう．

ドナーと価電子から伝導帯に励起された電子の電荷密度を $-qn$ とおく．また価電子がはなれて，イオン化したドナー・イオンの正電荷密度を qN_D とし，価電子帯の正孔による正電荷密度を qp とする．半導体が熱平衡状態にあり，電気的に中性であると，電荷中性の条件はつぎのようになる．

$$qN_D + qp - qn = 0 \tag{3・17}$$

積 pn は，式 (3・14) で与えられるから，これと式 (3・17) から

$$n = (N_D + \sqrt{N_D{}^2 + 4n_I{}^2})/2 \tag{3・18}$$
$$p = n_I{}^2/n \tag{3・19}$$

となる．温度が十分に高いと，式 (3・16) から，n_I が大きい値をもち，$N_D \ll n_I$ となる．したがって式 (3・18) と (3・19) から

$$n \fallingdotseq n_I \fallingdotseq p \tag{3・20}$$

である．ここで n_I は，式 (3・15) で与えられた真性キャリア密度である．

あまり高温でなく，$N_D \gg n_I$ のようにドープされていると，式 (3・18) と式 (3・19) から

$$n \fallingdotseq N_D \tag{3・21}$$
$$p \fallingdotseq n_I{}^2/N_D \tag{3・22}$$

となり，n 形の電子密度 n は，ドナー密度 N_D に等しくなる．

温度が低くて，価電子帯から伝導帯に励起される電子がほとんどない場合，ドナー・イオンの密度を N_D^+ とすれば，$N_D^+ \gg p$ となる．N_D^+ は，N_D の中で価電子がはなれたドナーの密度であるから，$N_D > N_D^+$ であり，式 (3・3) と同様に考えて，E_D をドナーのエネルギー準位とすれば

$$N_D^+ = N_D\{1 - f_N(E_D)\} = \frac{N_D}{1 + \exp\{(E_F - E_D)/k_BT\}} \quad (3・23)$$

である．ここで $f_N(E_D)$ は，準位 E_D の状態に電子がはいる確率を与えるフェルミ・デラック分布関数を示す．また電荷中性の条件式 (3・17) で N_D を N_D^+ とおき，$p \fallingdotseq 0$ とすれば

$$n = N_D^+ \quad (3・24)$$

となる．上式の n に式 (3・8) を用い，N_D^+ に式 (3・23) を代入すると

$$A_c \exp\{-(E_c - E_F)/k_BT\} = N_D/[1 + \exp\{(E_F - E_D)/k_BT\}] \quad (3・25)$$

である．したがって

$$\exp\{(E_c - E_F)/k_BT\}$$
$$= (1/2N_D)[A_c + \sqrt{A_c^2 + 4A_cN_D\exp\{(E_c - E_D)/k_BT\}}] \quad (3・26)$$

が得られる．

温度が十分に低いと，式 (3・26) 両辺の指数項が大きいから，ほかの項を省いて

$$\exp\{(E_c - E_F)/k_BT\} \fallingdotseq \sqrt{A_c/N_D}\exp\{(E_c - E_D)/2k_BT\} \quad (3・27)$$

となり，式 (3・8) に代入すると，下記の式となる．

$$n \fallingdotseq \sqrt{A_cN_D}\exp\{-(E_c - E_D)/2k_BT\} \quad (3・28)$$

伝導電子密度の温度依存性について，$\ln n$ と $1/T$ [K^{-1}] の関係を模式的に示すと，

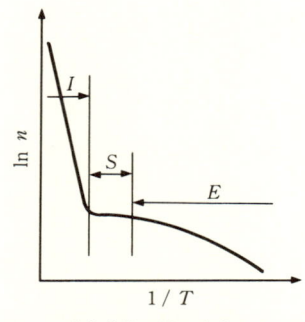

図 3・16 n形半導体の電子密度 n の温度特性

図3・16となる．かなり低いTでは，Tが上昇するにつれて，ドナーの価電子が伝導帯に励起されて伝導電子となり，nは式(3・28)のようになる．この領域Eは，外因性域(extrinsic region)とよばれる．つぎにTが高くなると，ドナーはほとんどイオン化し，nは式(3・21)のようになり，ドナー密度N_Dにほぼ等しい．それで，この領域Sを飽和域(saturation region)といい，Tが変化しても，nはほとんど変わらない．室温付近のSiの特性は，この領域にあり，実用上重要である．さらに温度が高くなると，価電子帯から励起される電子が多くなり，式(3・20)で与えられたように，nはn_Iにほぼ等しく，再びTとともに増加する．したがって，この領域Iを真性域(intrinsic region)とよぶ．

つぎにn形半導体のフェルミ準位E_Fを考えよう．式(3・8)より
$$E_F = E_C - k_B T \ln(A_C/n) \tag{3・29}$$
である．半導体が真性域にある場合，式(3・20)より$n \simeq n_I$であるから，式(3・29)に代入して整理すると
$$E_F = \{(E_C + E_V)/2\} - (k_B T/2)\ln(A_C/A_V) \tag{3・30}$$
となる．飽和域では，式(3・29)のnに，式(3・21)の$n \simeq N_D$を用いると
$$E_F = E_C - k_B T \ln(A_C/N_D) \tag{3・31}$$
となる．さらに外因性域の場合，式(3・28)を式(3・29)のnに用いて整理すると
$$E_F = \{(E_C + E_D)/2\} - (k_B T/2)\ln(A_C/N_D) \tag{3・32}$$
が得られる．

これらの結果から，E_FとTの関係を模式的に示すと，図3・17となる．同図で，$T=0$のE_Fは，E_CとE_Dの中間にあり，Tが上昇すると，その値が減少し，エネルギー・ギャップの中央に近づく．

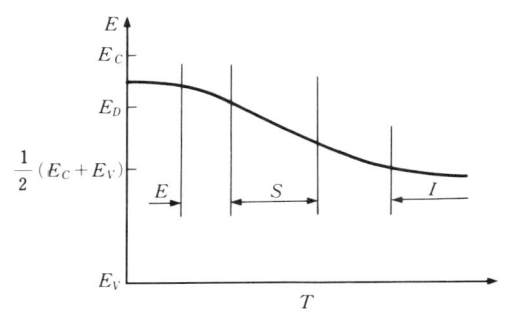

図3・17 n形半導体のE_Fの温度特性

p形半導体 (アクセプタ密度 N_A) のキャリア密度, フェルミ準位と温度の関係はn形と同じように解析できる. 結果をまとめて, つぎに示した.

I 域 　　$p \fallingdotseq n_I$ 　　　　　　　　　　　　　　　　　　　　　(3・33)

　　　　　　E_F は n 形と同じ

S 域 　　$p \fallingdotseq N_A,$ 　　$n \fallingdotseq n_I^2/N_A$ 　　　　　　　　　　(3・34)

　　　　　　$E_F = E_V + k_B T \ln(A_V/N_A)$ 　　　　　　　　　(3・35)

E 域 　　$p = \sqrt{A_V N_A} \exp\{-(E_A - E_V)/2k_B T\}$ 　　(3・36)

　　　　　　$E_F = \{(E_V + E_A)/2\} + (k_B T/2)\ln(A_V/N_A)$ 　(3・37)

3・4 ドリフト電流

結晶内部 (温度 T) に電界がない場合, 伝導電子がマクスウェルの速度分布 (Maxwell's velocity distribution) に従うとすれば, その速度 v は

$$\overline{v^2} = \frac{3k_B T}{m_N^*} \qquad (3\cdot38)$$

で与えられる. $\overline{v^2}$ はマクスウェル分布をしている速度の 2 乗平均値 (mean-square value), m_N^* は電子の有効質量である. したがって熱速度 (thermal velocity) を v_{TH} とおくと

$$v_{TH} = \sqrt{\overline{v^2}} \qquad (3\cdot39)$$

であり, 速度の実効値 (root-mean-square value, RMS value) を示す. それで伝導電子は結晶温度に比例する熱エネルギーをもち, 結晶内を速度 v_{TH} でランダム (random) な運動を繰り返しており, 正味の移動が起こらない (図 3・18). この振る舞いは, 散乱 (scattering) の力が電子に作用して, 運動量をランダムに変えていると考えてよい.

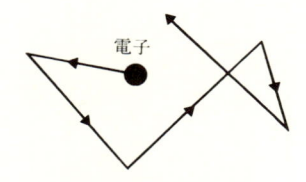

図 3・18 電子の散乱

1 つの電子が, ある散乱からつぎの散乱まで, 直線運動を続ける距離の平均値 l_M を平均自由行程 (mean free path) とよび, それを移動するのに要する時間, つ

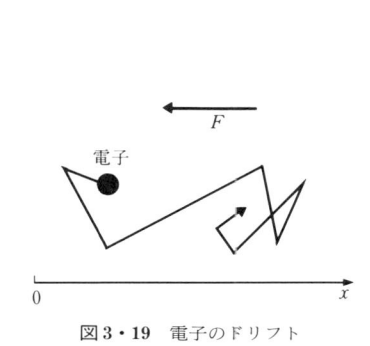

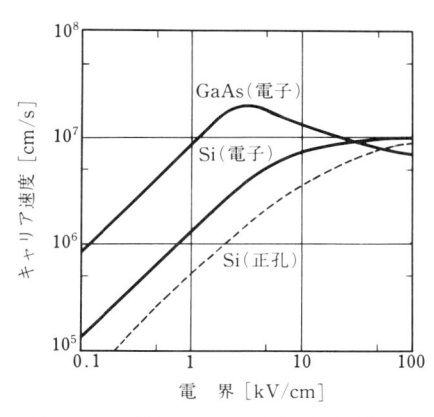

図3・19 電子のドリフト　　図3・20 電界とドリフト速度の関係(室温)

まり平均自由時間 (mean free time) を τ_M とおくと

$$l_M = v_{TH}\tau_M \qquad (3・40)$$

となる．v_{TH} は 100 km/s ぐらいであり，τ_M は 1 ps 程度，したがって l_M は 100 nm ほどになる．この時間 τ_M は，1つの電子の散乱と散乱の間の平均時間間隔である．多くの電子を考慮すると，散乱直後の電子（つぎの散乱まで，ほぼ時間 τ_M を要する）から，散乱直前（その散乱までの時間はほぼ0）まで，一様に分布しているはずである．平均として時間 τ_{MN} を考えると

$$\tau_{MN} = \frac{1}{2}\tau_M \qquad (3・41)$$

である．τ_{MN} は電子の運動量の緩和時間 (relaxation time) といい，1つの散乱から，つぎの散乱まで，自由に進む時間の全電子に関する平均値を示し，平均の散乱時間を意味する．したがって電子は運動エネルギーをもち，ランダムな運動をするが，正味の変位がないことを，1次元的に考えるとつぎのようになる．すなわち，$+x$ 方向に $v_{TH}\tau_{MN}$ だけ移動する電子と，$-x$ 方向に $v_{TH}\tau_{MN}$ のみ移動する電子とがバランスしていると考えられる．

図3・19に示すように，x 方向に電界強度 F がある場合，電子はランダムな運動を繰り返しながら，集団として x 方向に流れる．このような現象を電子の集団がドリフト (drift) するという．距離 x をドリフトするのに時間 t を要したとすれば，$x/t = v_N$ [m/s] をドリフト速度 (drift velocity) とよぶ．電界があまり高くない場合，緩和時間より長い時間で，この速度を求めると，その値は電界強度 F に比例する．図3・20において，v_N が F に対して線形に比例する部分の傾きを μ_N

とすれば，$v_N = \mu_N F$ である．μ_N は電子のドリフト移動度(drift mobility) [m^2/V·s] とよばれ，散乱を考慮して計算すると

$$\mu_N = \frac{q\tau_{MN}}{m_N^*}, \quad \mu_P = \frac{q\tau_{MP}}{m_P^*} \qquad (3\cdot 42)$$

が得られる．μ_P と τ_{MP} は，それぞれ正孔の移動度と緩和時間である．移動度は，緩和時間が長く有効質量が小さいほど大きい．また，一般に μ_P は μ_N より低い値をとる(表3·2)．

表3·2　室温におけるSiとGaAsの移動度 [m^2/V·s]

	μ_N	μ_P
Si	0.15	0.05
GaAs	0.80	0.04

電界により電荷が動くから，電流が発生する．これをドリフト電流(drift current)という．図3·21のような半導体試料(長さ l，断面積 S)に，電界強度 F が加えられる場合，ドリフト電流の密度 J_D を求めよう．試料内の伝導電子密度と正孔密度を，それぞれ n および p とおく．また図3·22に示すように，電界強度 F，速度 v と電流密度 J の矢印の方向を正とする．したがって，伝導電子によるドリフト電流密度 J_{DN} は，電子が負電荷をもち，その速度 v_N の向きが負であるから

$$J_{DN} = (-q)n(-v_N) = qn\mu_N F \qquad (3\cdot 43)$$

となる．同様にして，正孔のドリフト電流密度 J_{DP} は

$$J_{DP} = qpv_P = qp\mu_P F \qquad (3\cdot 44)$$

である．これらの和が J_D であるから

$$J_D = J_{DN} + J_{DP} = q(n\mu_N + p\mu_P)F = \sigma F \qquad (3\cdot 45)$$

で与えられる．ここで $\sigma = q(n\mu_N + p\mu_P)$ は導電率(conductivity) [S/m] とよば

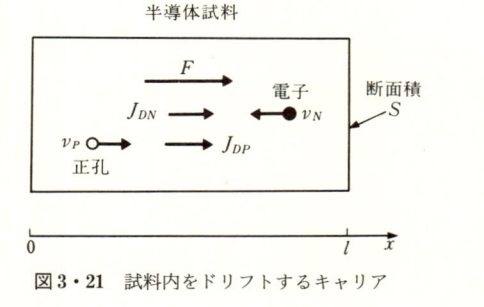

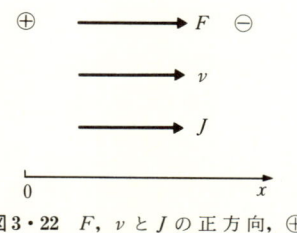

図3·21　試料内をドリフトするキャリア

図3·22　F，v と J の正方向，⊕ と ⊖ は電圧の属性を示す

れる．Sはジーメンス(siemens)とよみ，コンダクタンスの単位である．またσの逆数ρは，抵抗率(resistivity)[Ωm]といい

$$\rho = \frac{1}{\sigma} \tag{3・46}$$

となる．式(3・45)はまた，半導体試料にオームの法則(Ohm's law)を適用しても導かれる．試料の抵抗をRとすれば，

$$R = \rho\frac{l}{S} = \frac{l}{\sigma S} \tag{3・47}$$

で表せる．不純物密度が$10^{22}\,\mathrm{m}^{-3}$程度より低い場合，ρの例を表3・3に示す．

表3・3 半導体におけるρの例(室温)

	キャリア密度	ρ
真性	$n = p = n_I$	$\{qn_I(\mu_N + \mu_P)\}^{-1}$
n形	$n = N_D \gg p$	$(qN_D\mu_N)^{-1}$
p形	$p = N_A \gg n$	$(qN_A\mu_P)^{-1}$

3・5 拡 散 電 流

　半導体試料の一部分の温度が上昇したり，あるいは光がその部分に入射すると，キャリア密度が場所的に変化する．いま1次元の場合を考え，図3・23のように，x方向に密度差があるとする．キャリアは熱速度v_{TH}をもつから，密度の高いH域から低いL域へ，マクロなキャリアの流れができて，両域の密度が等しくなるまで続く．このような密度差による流れを拡散(diffusion)といい，電流密度J_Fが生成される．これは拡散電流(diffusion current)とよばれ，その大きさはキャリ

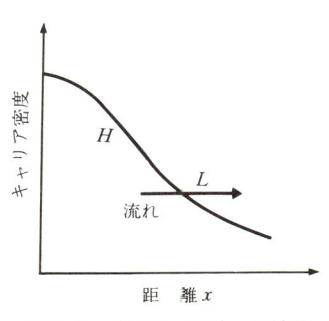

図3・23 拡散による流れの説明

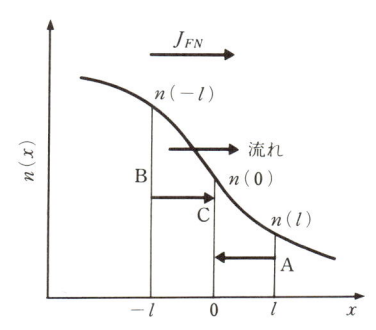

図3・24 電子の拡散による電流の説明，$l = v_{TH}\tau_{MN}$

ア密度の傾斜に比例し,流れの向きは,その密度が減少する方向である.

電子による拡散電流 J_{FN} を考えよう.電子密度 $n(x)$ は,図 3・24 のように分布しており,J_{FN} は矢印の向きを正とする.$x=0$ の面 C を単位時間に通過する電子密度を求める.面 C から $l = v_{TH}\tau_{MN}$ の距離にある面 A で,電子は $\pm x$ の両方向に移動できる.ここで τ_{MN} は,電子の運動量緩和時間である.また,$x=-l$ にある面 B においても,同様に電子は $\pm x$ に移動できる.したがって面 C には,面 A の電子密度 $n(l)$ の半分が,$-x$ 方向にはいってくる.同時に面 B の電子密度 $n(-l)$ の半分が,面 C に $+x$ 方向に流れこむ.面 C を通る正味の電子密度は

$$\frac{1}{2}n(-l) - \frac{1}{2}n(l) \tag{3・48}$$

である.電子の拡散方向が密度こう配と反対であり,電子の流れによる拡散電流密度 $J_{FN}(x)$ と $n(x)$ の関係を計算すると

$$J_{FN} = \mu_N k_B T \frac{dn}{dx} = qD_N \frac{dn}{dx} \tag{3・49}$$

となる.ここで (x) を省略しており,D_N は

$$D_N = \frac{\mu_N k_B T}{q} \tag{3・50}$$

で与えられ,電子の拡散係数 (diffusion constant) [m²/s] とよばれる.この場合,$dn/dx < 0$ であるから J_{FN} は負値となり,$-x$ 方向に流れる.

正孔についても同様であり,図 3・25 のような分布の場合,拡散電流 J_{FP} は

$$J_{FP} = -qD_P \frac{dp}{dx} \tag{3・51}$$

$$D_P = \frac{\mu_P k_B T}{q} \tag{3・52}$$

である.式 (3・51) の負符号は,前と同様に正孔の拡散方向が,密度のこう配と

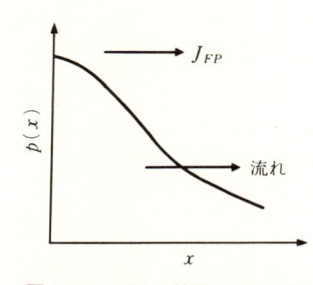

図 3・25 正孔の拡散による電流

逆であることを示す．同図の分布の場合 $dp/dx < 0$ であるから J_{FP} は正となり，+方向に流れる．

拡散係数 D_N と D_P の式は，アインシュタインの関係 (Einstein's relation) とよばれる．この係数は，電子の熱運動による動きやすい程度を表し，移動度と密接な関係にある．半導体は，金属にくらべてキャリアの数が少なく，密度こう配が簡単に実現できるから，拡散電流は重要な役割をもつ．金属は，伝導電子の数が多いので，密度こう配をつくることが難しく，電流はすべてドリフト電流となる．

キャリアの密度こう配と $+x$ 方向の外部電界強度 F があると，拡散電流とドリフト電流が流れる．したがって，位置 x において

$$J_N = J_{DN} + J_{FN} = qn\mu_N F + qD_N \frac{dn}{dx} \qquad (3・53)$$

$$J_P = J_{DP} + J_{FP} = qp\mu_P F - qD_P \frac{dp}{dx} \qquad (3・54)$$

となる．J_N と J_P は，それぞれ電子と正孔による電流密度である．これらの式は，半導体内の電流密度を示す基本の式であり，それぞれの式の右辺第1項はオームの法則を表し，第2項は同法則に従わない電流である．

3・6 キャリアの発生と再結合

半導体の温度が上昇すると，前述のように，価電子帯から伝導帯へ電子が移り，電子・正孔の対がつくられる．これは熱的励起によるキャリアの発生 (generation) という．また入射するフォトン (photon) のエネルギーが半導体のエネルギー・ギャップより多いと，対が発生し光学的励起とよばれる．さらに電界で加速された電子が，かなり高いエネルギーをもつと，原子に衝突して電子を励起する．これは衝突電離 (impact ionization) で対が発生するという．

励起された電子は媒質中を動き回り，正孔に出会うと再びもとに戻る．この過程は再結合 (recombination) とよばれる．熱平衡では，発生と再結合により平衡が保たれ，質量作用の法則式 (3・14) が成立する．いま p 域の電子 (少数キャリア) を考え，この式で与えられる平衡値より Δn だけ多いと，これを過剰少数キャリア密度 (excess carrier density) とよぶ．再結合の割合は Δn に比例するから

$$\frac{d\Delta n}{dt} = -\frac{\Delta n}{\tau_N} \qquad (3・55)$$

が成立する．τ_N は p 域の電子の寿命 (life time) であり，1 ns～1 ms 程度であ

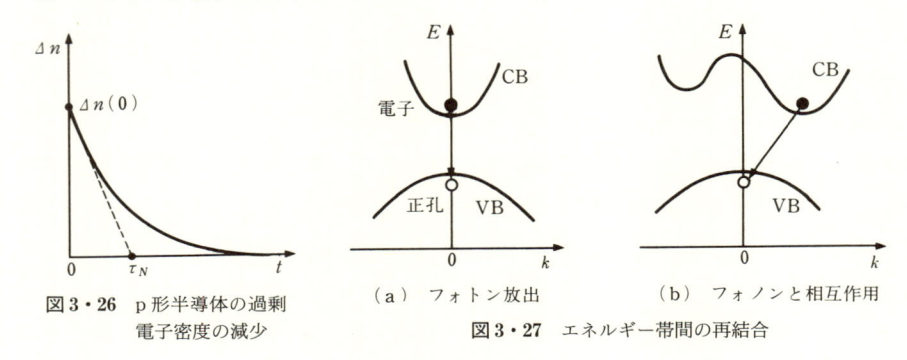

図3・26 p形半導体の過剰電子密度の減少

(a) フォトン放出
(b) フォノンと相互作用

図3・27 エネルギー帯間の再結合

る．$t=0$ のとき $\Delta n(0)$ とすれば，上式を積分して

$$\Delta n = \Delta n(0)\exp(-t/\tau_N) \qquad (3\cdot56)$$

となる．この式は，過剰少数キャリア密度が時間とともに指数関数的に減少することを示す(図3・26)．

エネルギー帯間の再結合は，図3・27で説明される．同図(a)は，GaAsのような直接ギャップの場合であり，伝導電子と正孔が直接結合しフォトンを放出する．したがってキャリアの寿命は短い．同図(b)は間接ギャップ形のSiであり，運動量 $\hbar k$ の差をフォノン(phonon, 結晶格子の熱振動エネルギー)との交換で再結合する．Siの再結合の確率は小さく，キャリアの寿命は長い．実際には，不純物の準位を介する再結合の割合が多くなる．

いま図3・28のように伝導帯の底から，かなり深いところに中間的な準位があるとする．この準位は，不純物原子や格子欠陥によりつくられる．伝導電子が結晶内を活発に動き回り，この準位に捕えられると，正孔と再結合する割合が増加して寿命が短くなる．このように中間準位で再結合するから，この準位を再結合中心

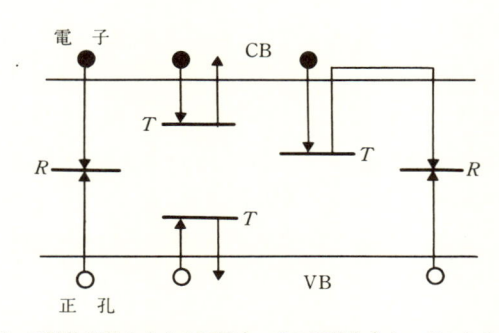

図3・28 不純物準位を介する再結合，R：再結合中心，T：トラップ中心

(recombination center) という．また中間準位には，正孔より電子を捕えやすいものがある（同図参照）．その準位にはいった電子は正孔と出会うことなく，再結合の機会を失う場合がある．この準位をトラップ中心 (trap center) とよぶ．正孔を捕えやすい中間準位についても同様である．

つぎに図 3・27(a) の直接ギャップ形の再結合を考える．過剰キャリアが注入されると，再結合がすみやかに起こる．伝導電子 1 個について考えると，正孔と再結合する確率はその密度 p に比例する．また密度 n の電子はすべて同じ確率で消滅するから，単位体積・単位時間あたりの割合 R は，比例定数を C として，$R = Cpn$ で表される．また熱的励起により対が発生する割合を G_{TH} とおくと，熱平衡では $G_{TH} = R$ である．したがって質量作用の法則を満足する電子と正孔の密度を，改めて n_0 と p_0 で示すと，$G_{TH} = Cp_0n_0$ となる．熱的励起による正味の発生率は，$G_{TH} - R$ に等しいから

$$U = -C(pn - p_0n_0) \tag{3・57}$$

である．一般に，多数キャリア密度が平衡値と著しく異なることはないから，p 形では $p \fallingdotseq p_0$ としてよい．p 域の U を U_P とおくと，上式から

$$U_P = -\frac{n - n_0}{\tau_N} \tag{3・58}$$

となる．$\tau_N = (Cp_0)^{-1}$ は電子の寿命であり，その逆数は再結合の確率を示す．また U_P は p 域における対の発生率であるから，密度 p と n のどちらにも適用できる．式 (3・58) を時間変化率の形に書き換えると

$$\frac{dn}{dt} = -\frac{n - n_0}{\tau_N} \tag{3・59}$$

となる．n 域の U_N についても同様に

$$U_N = -\frac{p - p_0}{\tau_P} \tag{3・60}$$

$$\frac{dp}{dt} = -\frac{p - p_0}{\tau_P} \tag{3・61}$$

が成立する．τ_P は正孔の寿命である．

3・7 キャリア連続の式

p 形半導体に電子と正孔が注入され，それぞれの密度分布が図 3・29(a) と (b) のような場合を考える．同図の p_0 と n_0 は，熱平衡にある正孔と電子の密度であ

42 3章 半導体のキャリア

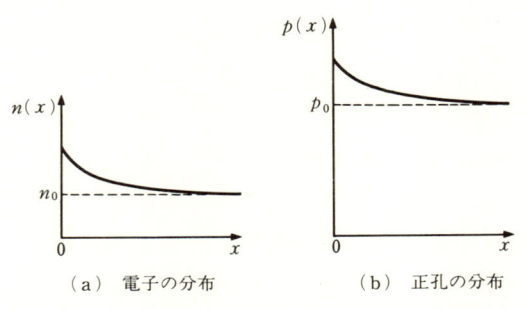

(a) 電子の分布　　(b) 正孔の分布

図3・29　p形半導体へキャリアを注入した場合の密度分布

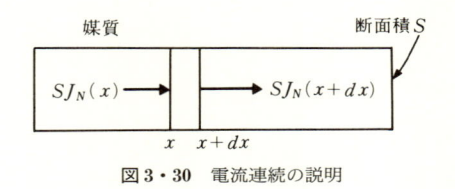

図3・30　電流連続の説明

る。この場合 p の分布は，電子を中和しようとするため，n の分布に同じとなる。また正孔は多数キャリアであるから，p_0 の値が大きい。したがって，注入された正孔の増加割合は小さい。しかし少数キャリアの n_0 の値は小さいので，注入による増加割合はかなり大きくなる。少数キャリアに注目して，その密度の時間変化を考察する。

いま図3・30のように，媒質内（断面積 S）を電子電流が流れる場合を計算する。断面を x 軸と直角にとり，厚さ dx の微小体積 Sdx を考え，電流は x 軸方向に流れている。この体積内の電子密度の時間変化は，つぎの過程によって生じる。

（1）　電流の発散（divergence）
（2）　光学的励起と衝突電離により電子・正孔対を発生する過程，そのキャリアの発生率を $G\,[\mathrm{m^{-3}s^{-1}}]$ とおく。
（3）　熱的励起と再結合による過程であり，正味の発生率を $U_P\,[\mathrm{m^{-3}s^{-1}}]$ とする。

同図において，位置 x と $x+dx$ における電流密度をそれぞれ $J_N(x)$，$J_N(x+dx)$ とおき，微小体積中の電子数の時間変化 $\partial n/\partial t$ との関係を求めると

$$\frac{\partial n}{\partial t} = \frac{1}{q}\frac{\partial J_N}{\partial x} + G + U_P \tag{3・62}$$

となる。さらに式 (3・53) と式 (3・58) を用いると

$$\frac{\partial n}{\partial t} = D_N \frac{\partial^2 n}{\partial x^2} + \mu_N \frac{\partial (nF)}{\partial x} + G - \frac{n-n_0}{\tau_N} \tag{3・63}$$

が得られる．これはp域における電子密度，すなわち少数キャリアに関する連続の式 (continuity equation) である．n域の少数キャリアについても，全く同様にして求められる．

図3・29で説明したが，少数キャリアが過剰に注入されると，電荷を中和するため，同時に多数キャリアも増加する．また少数キャリアが再結合で減少すると多数キャリアも減る．しかし多数キャリアは，本来その密度が高いから，その変化を考慮しなくても，電子デバイスの特性を解析できる．

[例題3・1] 電子の散乱で，平均自由時間 τ_M が1 ps程度，結晶内の速度 v_{TH} が80 km/sぐらいのとき，平均自由行程 l_M はいくらか．
[解] 式 (3・40) により
$$l_M = 80 \times 10^3 \times 1 \times 10^{-12} = 80 \text{ nm}$$

[例題3・2] 式 (3・13) を導け．
[解] 式 (3・8) と式 (3・10) を式 (3・12) に代入すると，
$$\frac{A_C}{A_V} = \exp\left(\frac{-2E_F + E_C + E_V}{k_B T}\right) \tag{1}$$
さらに式 (3・9) と (3・11) を上式に用いると
$$\frac{A_C}{A_V} = \left(\frac{m_N{}^*}{m_P{}^*}\right)^{3/2} \tag{2}$$
である．式 (1) と (2) から
$$\exp\left(\frac{-2E_F + E_C + E_V}{k_B T}\right) = \left(\frac{m_N{}^*}{m_P{}^*}\right)^{3/2}$$
となる．したがって，上式の対数をとり整理するとよい．すなわち
$$\frac{-2E_F + E_C + E_V}{k_B T} = \frac{3}{2}\ln\left(\frac{m_N{}^*}{m_P{}^*}\right)$$
$$\therefore \quad E_F = \frac{1}{2}(E_C + E_V) + \frac{3}{4}k_B T \ln\left(\frac{m_P{}^*}{m_N{}^*}\right) \tag{3・13}$$

演 習 問 題

1. 電子のみのドリフトを考えると，その導電率は $\sigma = nq^2 \tau_{MN}/m_N{}^*$ となることを示せ．
2. 下記を説明せよ．
ボンド・モデル，外因性半導体，真性キャリア密度，質量作用の法則，平均自由行程，ドリフト速度，拡散電流，再結合．

4章 pn接合とショットキー障壁

4・1 pn接合のエネルギー準位

　p形とn形半導体を接合したpn接合(pn junction)は，母体となる結晶を成長させるとき，アクセプタとドナーを適当に加えてつくられる．図4・1(a)は，p形とn形が独立におかれた場合のエネルギー準位を示す．n形には，エネルギーがE_Cより多い伝導電子が多く，その分布は上のエネルギー準位にあるほど少ない．またp形では，E_Vより少ないエネルギーをもつ正孔が多く，その分布は下の準位にあるほど少ない．これらが接合されると，n域の伝導電子は，p域のそれよりかなり多いから，p側に拡散して正孔と結合する．したがって接合付近のn域には，正電荷をもつドナー・イオンが残る．同様にして，p域の正孔はn側に拡散し，伝導電子と結合する．それで，負電荷をもつアクセプタ・イオンが，接合付近のp域に残る．このような拡散は，n域のエネルギーをp域のそれより低下するので，図4・1(b)のように，それぞれのフェルミ準位E_{FP}とE_{FN}が一致してE_Fになっ

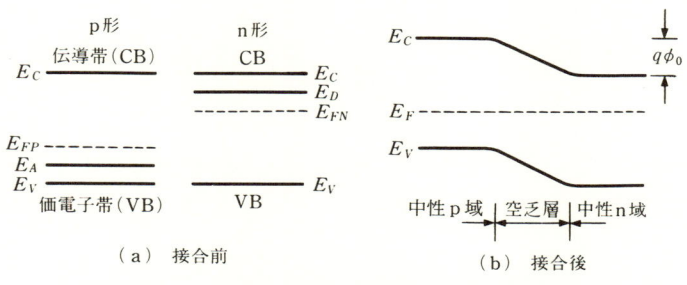

図4・1　pn接合のエネルギー帯図(熱平衡状態)

たとき，熱平衡状態となる．また接合付近では，p域とn域が，それぞれ負と正に帯電し，2重層(double layer)を形成する．この層内では，n側からp側に向かう電界が発生し，キャリアの拡散を阻む．その強さは0.1～1MV/mほどであり，その幅は0.1～1μm程度である．

すなわち，熱平衡状態にある2重層では，ドリフトと拡散が平衡して，キャリアが存在しないから，この部分を空乏層(depletion layer)あるいは空間電荷層(space charge layer)とよぶ．また空乏層にできる電界は，図4・1(b)のように，p域とn域との間に電位差 ϕ_0 をつくる．これは拡散電位(diffusion potential)あるいは電位障壁(potential barrier)とよばれ

$$\phi_0 = \frac{E_{FN} - E_{FP}}{q} \tag{4・1}$$

で与えられる．p形とn形のフェルミ準位 E_{FP} および E_{FN} は

$$E_{FP} = E_I - k_B T \ln\frac{N_A}{n_I} \tag{4・2}$$

$$E_{FN} = E_I + k_B T \ln\frac{N_D}{n_I} \tag{4・3}$$

で表されるが，これらを式(4・1)に代入すると

$$\phi_0 = V_T \ln\left(\frac{N_A N_D}{n_I^2}\right) \tag{4・4}$$

となる．ここで

$$V_T = \frac{k_B T}{q} \tag{4・5}$$

である．空乏層の外側は，アクセプタ・イオンを中和するだけの正孔，またはドナー・イオンを中和するだけの電子が存在するので，中性域(neutral region)という．p域とn域のそれぞれの端に，金属電極をつける．この場合，金属と半導体の接触面は，pn接合の特性に影響しないようにつくられているとする(図4・17参照)．いまp域がn域に対して正となるような電圧 $V(>0)$ を加えた場合，順バイアス(forward bias)といい，そのエネルギー準位を図4・2で考えよう．この電圧がある程度小さいと，中性域の電圧降下がかなり小さいから，バイアス電圧はほとんど空乏層に加わる．n域の電子にとって，ポテンシャルの壁が低くなる．エネルギー準位は，同図(a)のように，拡散電位が $\phi_0 - V$ と低くなり，空乏層の幅が減少する．その結果，伝導電子は再びp域へ拡散し，正孔と再結合して消滅するから，少数キャリア(電子)の密度分布ができる．同時に正孔も消えるから，これ

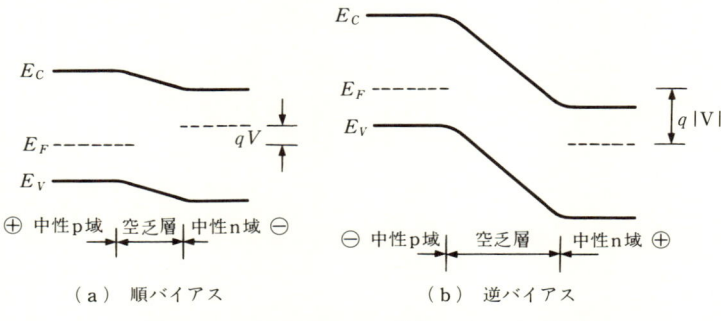

46　4章　pn接合とショットキー障壁

図4・2　バイアスされたpn接合のエネルギー帯図
（正負の符合は加えた電圧の極性を示す）

（a）順バイアス　　（b）逆バイアス

を補うため，p域の電極側から正孔（多数キャリア）が空乏層に向かって移動する．したがって，空乏層に近い拡散距離ほどの狭い部分では，少数キャリアが電流を構成し，再結合する狭い部分から電極までは，多数キャリアが電流を形成する．p域からn域に注入される正孔についても同様である．電流は多数キャリアが支配的となり，バイアス電圧の増加とともに急増する．

これに対し，図4・2(b)のように，p域がn域に対して負になるような電圧 $V(<0)$ を加えるとき，すなわち逆バイアス (reverse bias) の場合を考察する．この状態では，拡散電位が $\phi_0 + |V|$ と大きくなり，n域の電子に対して，ポテンシャルの壁が高く，また空乏層の幅が増加する．中性p域の空乏層側の狭い領域（拡散距離ほどの幅）にある電子（少数キャリア）が，空乏層の電界によって，n側に運ばれる．その数は，つぎに述べる拡散で移動してくる電子数によってきめられる．

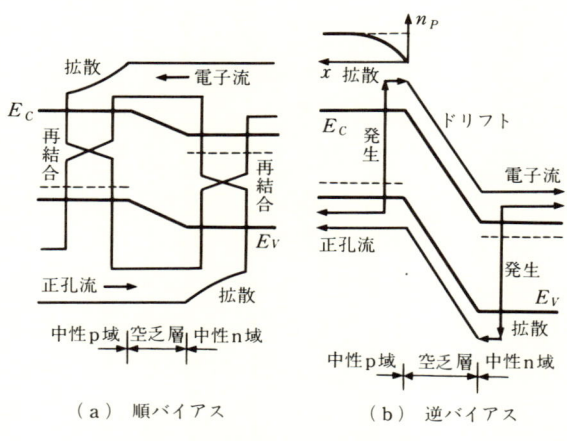

図4・3　pn接合のキャリアの流れ

（a）順バイアス　　（b）逆バイアス

したがって，境界面付近の電子密度は，熱平衡状態における値よりかなり小さくなる．この密度差による拡散のため，伝導電子が空乏層側に移動し，これを補うため，電子・正孔の対が発生する．発生した電子は，拡散により空乏層側へ移り，正孔（多数キャリア）は中性 p 域の電極へ移動する．同様にして，n 域には，空乏層に向かう正孔（少数キャリア）の流れができる．すなわち，少数キャリアが電界によって運ばれ，接合面を通過して流れる電流がかなり少ない．その値は，加えた電圧に無関係に一定となる．これらのキャリアの動きを，図 4・3 に模式的に示した．

4・2　pn 接合の電流・電圧特性

　pn 接合の電圧 V と電流 I との関係は，一般に図 4・4 となる．順バイアスのとき，I は V の指数関数となり多量の電流が流れる．また逆バイアスの場合，I はほとんど流れず V に無関係な一定値 I_s となる．このような特性は，pn 接合が整流作用（rectification）をもつという．

　つぎに，電流と電圧の関係を定量的に求めよう．pn 接合を中性 p 域，空乏層および中性 n 域にわけ，座標系を図 4・5 のようにおく．中性の p と n 域の伝導電子密度を，それぞれ n_{PO} と n_{NO} とすれば，3・3 節から

$$n_{NO} \fallingdotseq N_D \tag{3・21'}$$

$$n_{PO} \fallingdotseq \frac{n_I^2}{N_A} \tag{3・34'}$$

となる．したがって，式 (4・4) と式 (3・21)' を，式 (3・34)' に代入すると

$$n_{PO} \fallingdotseq n_{NO} \exp(-\phi_0/V_T) \tag{4・6}$$

となる．同様に，中性の p と n 域の正孔密度を，p_{PO} および p_{NO} とすれば

$$p_{NO} \fallingdotseq p_{PO} \exp(-\phi_0/V_T) \tag{4・7}$$

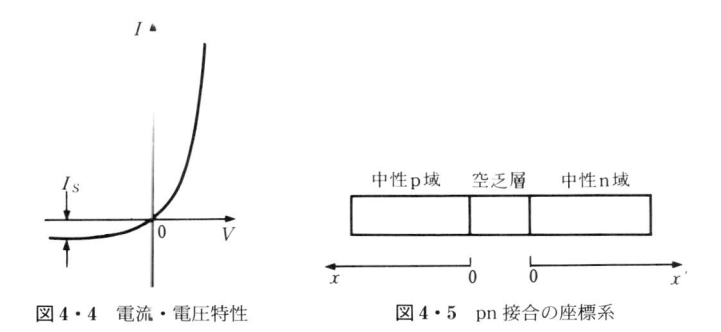

図 4・4　電流・電圧特性

図 4・5　pn 接合の座標系

図 4・6 熱平衡のキャリア密度

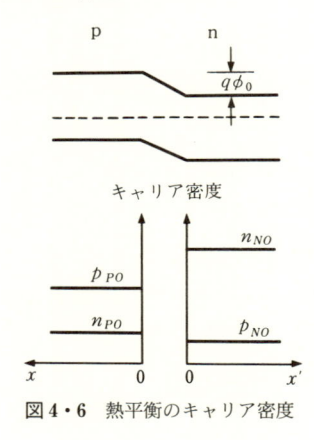

である．式 (4・6) と式 (4・7) は，空乏層両端の伝導電子密度と正孔密度に，それぞれボルツマンの関係が成立していることを示す（図 4・6）．

既に述べたように，熱平衡状態では，ドリフト電流と拡散電流とがつりあって，正味の電流は流れない．電圧 V を加えた非熱平衡状態では，これらの電流の差が，外部に電流として流れる．この外部電流が，平衡状態のとき空乏層を流れるドリフト電流や拡散電流にくらべて，かなり小さければ，平衡状態からのずれは小さいといってよい．電圧 V が与えられた場合，空乏層両端のキャリア密度は，拡散電位がはじめから $\phi_0 - V$ である pn 接合の，熱平衡状態におけるキャリア密度に等しいと近似できる．すなわち，ボルツマンの関係が，非平衡状態にも拡張できる．

電圧 V が加えられた場合，空乏層両端のキャリア密度を考える．$x = 0$ および $x' = 0$ における伝導電子密度を，それぞれ $n_P(0)$ と $n_N(0)$，また $x' = 0$ における正孔密度を $p_N(0)$ とすれば，式 (4・6) を参照して

$$n_P(0) \fallingdotseq n_N(0)\exp\{-(\phi_0 - V)/V_T\} \tag{4・8}$$

が成立する．また $x' = 0$ であるから，式 (3・17) を用いて

$$N_D + p_N(0) - n_N(0) = 0 \tag{4・9}$$

となる．さらに，少数キャリア密度がかなり低い状態とすれば，

$$p_N(0) \ll n_N(0) \tag{4・10}$$

である．式 (3・21)′ と式 (4・10) を用いると，式 (4・9) は

$$n_N(0) \fallingdotseq n_{N0} \tag{4・11}$$

となる．式 (4・6) と式 (4・11) を式 (4・8) に代入すると

$$n_P(0) \fallingdotseq n_{P0} \exp(V/V_T) \tag{4・12}$$

が得られ，同様にして
$$p_N(0) \fallingdotseq p_{NC}\exp(V/V_T) \qquad (4\cdot13)$$
が与えられる．式 $(4\cdot12)$ と式 $(4\cdot13)$ を，中性域の端における過剰少数キャリア密度 $n_P{}'(0)$ と $p_N{}'(0)$ で表すと
$$\left.\begin{array}{l} n_P{}'(0) = n_{PO}\{\exp(V/V_T) - 1\} \\ p_N{}'(0) = p_{NO}\{\exp(V/V_T) - 1\} \end{array}\right\} \qquad (4\cdot14)$$
である．したがって，順バイアス ($V > 0$) の場合，過剰少数キャリア密度は増加するが，逆バイアス ($V < 0$) の場合，$-n_{PO}$ あるいは $-p_{NO}$ に飽和する．すなわち，電流を構成するキャリア密度と速度についてまとめると，中性域端におけるキャリア密度と電圧の関係は，空乏層によってきめられる．また，中性域端から流れるキャリアの速度は，これから述べるように，中性域がきめる．

つぎに，中性域について考察しよう．中性 p 域内の伝導電子は少数キャリアであるから，拡散によって流れる．式 $(3\cdot63)$ において，定常状態をとりあげ，$\partial/\partial t = 0$ とし，また熱的な原因のほかに，キャリアの発生や消滅がないとする．さらに，$n - n_0$ を $n_P{}'(x)$ に，F を 0 に，また $\partial/\partial x$ を d/dx とおくと
$$\frac{d^2 n_P{}'(x)}{dx^2} = \frac{n_P{}'(x)}{L_N{}^2} \qquad (4\cdot15)$$
$$L_N{}^2 = D_N \tau_N \qquad (4\cdot16)$$
となる．ここで L_N は伝導電子の拡散の長さである．したがって式 $(4\cdot15)$ の一般解は，A と B を積分定数として
$$n_P{}'(x) = A\exp(x/L_N) + B\exp(-x/L_N) \qquad (4\cdot17)$$
である．いま p 域の幅が，L_N にくらべてかなり大きいとすれば，境界条件は
$$x = \infty \qquad n_P{}'(\infty) = 0 \qquad (4\cdot18)$$
$$x = 0 \qquad n_P{}'(0) = n_{PO}\{\exp(V/V_T) - 1\} \qquad (4\cdot14)'$$
で与えられる．したがって式 $(4\cdot17)$ は
$$n_P{}'(x) = n_{PO}\{\exp(V/V_T) - 1\}\exp(-x/L_N) \qquad (4\cdot19)$$
となる．すなわち $n_P{}'(x)$ は指数関数的に分布し，図 $4\cdot7$ のように，中性 p 域の端 ($x = 0$) から L_N 程度はいると，ほぼ 0 となる．電子の電流密度 $J_N(x)$ は，式 $(3\cdot41)$ から
$$J_N(x) = qD_N \frac{dn_P{}'(x)}{dx} \qquad (4\cdot20)$$
である．式 $(4\cdot19)$ を上式に代入すると

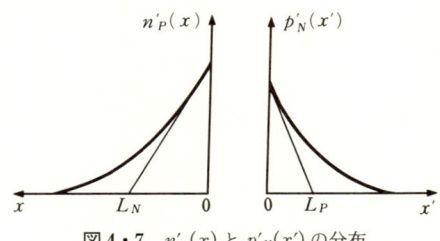

図 4・7 $n'_P(x)$ と $p'_N(x')$ の分布

$$J_N(x) = \frac{-qD_N n_{PO}}{L_N}\left\{\exp\left(\frac{V}{V_T}\right) - 1\right\}\exp\left(\frac{-x}{L_N}\right) \quad (4\cdot21)$$

となる．式 (4・21) 右辺の負符号は，$J_N(x)$ が $-x$ 方向に流れていることを示すから，いま改めて，p 域から n 域へ向かう電流を正とすれば，中性 p 域の端 $x = 0$ において，

$$J_N(0) = \frac{qD_N n_{PO}}{L_N}\left\{\exp\left(\frac{V}{V_T}\right) - 1\right\} \quad (4\cdot22)$$

である．つぎに，中性 n 域を考える．過剰正孔密度を $p_N{}'(x')$，正孔の電流密度を $J_P(x')$ とすれば，同様にして

$$p_N{}'(x') = p_{NO}\left\{\exp\left(\frac{V}{V_T}\right) - 1\right\}\exp\left(\frac{-x'}{L_P}\right) \quad (4\cdot23)$$

$$L_P{}^2 = D_P \tau_P \quad (4\cdot24)$$

$$J_P(x') = \frac{qD_P p_{NO}}{L_P}\left\{\exp\left(\frac{V}{V_T}\right) - 1\right\}\exp\left(\frac{-x'}{L_P}\right) \quad (4\cdot25)$$

が得られる．ここで L_P, D_P と τ_P は，それぞれ正孔の拡散の長さ，拡散係数および寿命である．$J_P(x')$ は $+x'$ 方向に向かっているから，中性 n 域の端 $x' = 0$ における電流密度は

$$J_P(0) = \frac{qD_P p_{NO}}{L_P}\left\{\exp\left(\frac{V}{V_T}\right) - 1\right\} \quad (4\cdot26)$$

となる．pn 接合内の任意の点における電流密度 J は，伝導電子と正孔の電流密度の和である．空乏層幅が狭く，その層内で再結合がないとすれば，この領域で両方の電流密度は一定である．したがって J は

$$J = J_N(0) + J_P(0) \quad (4\cdot27)$$

であるから，式 (4・22) と式 (4・26) を上式に代入すると

$$J = J_S\left\{\exp\left(\frac{V}{V_T}\right) - 1\right\} \quad (4\cdot28)$$

$$J_S = q\left(\frac{D_P}{L_P}p_{NO} + \frac{D_N}{L_N}n_{PO}\right) \quad (4\cdot29)$$

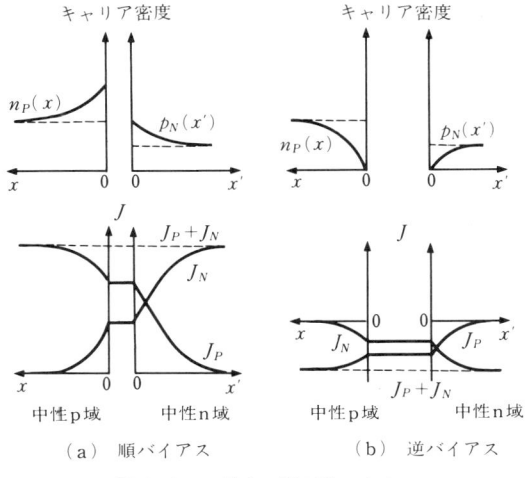

図4・8 pn接合の順と逆バイアス

(a) 順バイアス (b) 逆バイアス

となる．ここで J_S は飽和電流密度 (saturation current density) とよばれる．接合の面積を S とすれば，電流 I は

$$I = SJ = I_S\left\{\exp\left(\frac{V}{V_T}\right) - 1\right\} \qquad (4・30)$$

$$I_S = SJ_S \qquad (4・31)$$

で与えられ，電流・電圧特性が得られる．ここで I_S は飽和電流 (saturation current) であり，V と I との関係は，前述の図4・4となる．

また図4・8に，順および逆バイアスにおけるキャリア分布と電流分布を示す．同図では，$n_P'(x) + n_{PO} = n_P(x)$，および $p_N'(x') + p_{NO} = p_N(x')$ とおいている．逆バイアスのとき，キャリアが移動するのに障壁がないから，I_S の値が大きくなりそうにみえる．しかし実際には，そのようにならない．この理由は，p域の伝導電子数およびn域の正孔数はきわめて少なく，つまり少数キャリアとして移動するから，逆方向の電流はかなり少ない．いいかえると，順方向の電流は，障壁によって制限され，逆方向電流は，少数キャリアの密度で制限される．

4・3 pn接合の接合容量

pn接合には，不純物の密度が急に変化する階段接合 (step junction) と，接合部分不純物密度が，傾斜して変化する傾斜接合 (graded junction) などがある．ここ

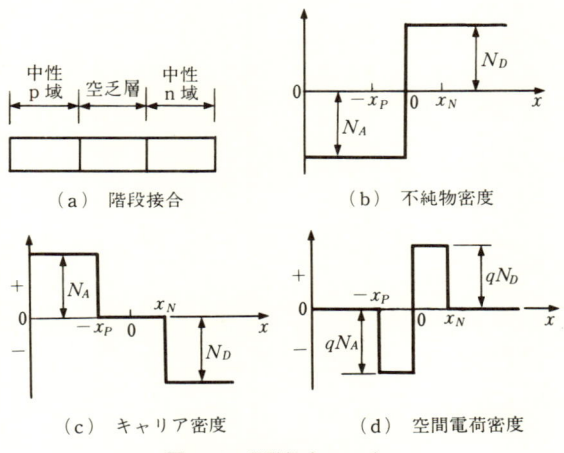

図4・9 段階接合のモデル

(a) 階段接合
(b) 不純物密度
(c) キャリア密度
(d) 空間電荷密度

では，階段接合の静電容量を考察する．

　はじめに熱平衡状態を考える．模式的に示した図4・9(a)のようなpn接合で，不純物密度の変化を同図(b)に示す．アクセプタ密度 N_A とドナー密度 N_D が接合面で急に変化している．この場合のキャリア密度を同図(c)に与えた．接合面付近のp域の正孔およびn域の伝導電子は，拡散により，それぞれn域の電子とp域の正孔と再結合するから，キャリアのない空乏層が，$-x_P < x < x_N$ の範囲に形成される．同図(d)は空間電荷密度を示す．空乏層内のp側には，キャリア（正孔）が消えて，負電荷をもつアクセプタ・イオンがあり，n側にはキャリア（電子）がなくなり，正電荷をもつドナー・イオンがある．

　逆バイアス電圧 $V = -|V|$ が加えられている場合，空乏層の電位分布，電界および接合容量を求める．電位を $V(x)$，真空の誘電率を ε_0，半導体の比誘電率を ε および電荷密度を ρ とおくと，$V(x)$ と ρ の関係は，ポアソンの式で与えられ，1次元の場合

$$\frac{d^2V(x)}{dx^2} = \frac{-\rho}{\varepsilon\varepsilon_0} \quad (4\cdot32)$$

$$\rho = -qN_A \quad -x_P \leq x < 0 \quad (4\cdot33)$$

$$\rho = qN_D \quad 0 < x \leq x_N \quad (4\cdot34)$$

となる．また境界条件は

$$x = -x_P \quad V(-x_P) = 0 \quad (4\cdot35)$$

$$\left.\frac{dV(x)}{dx}\right|_{x=-x_P} = 0 \tag{4・36}$$

$$x = 0 \quad V(x) と \frac{dV(x)}{dx} が連続 \tag{4・37}$$

$$x = x_N \quad V(x_N) = \phi_0 - V \tag{4・38}$$

$$\left.\frac{dV(x)}{dx}\right|_{x=x_N} = 0 \tag{4・39}$$

である(図4・10). したがって, これらの条件を用いて, 式(4・32)を解くと

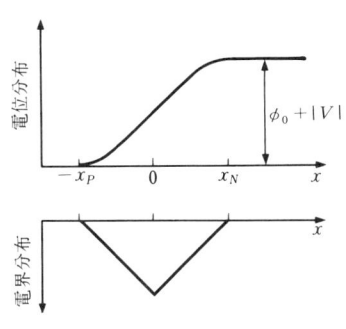

図4・10 空乏層の電位と電界

$$\frac{N_A}{N_D} = \frac{x_N}{x_P} \tag{4・40}$$

が得られる. 空乏層の各域にひろがる幅の比は, それぞれの不純物密度に逆比例する. たとえば $N_D \gg N_A$ の場合, 空乏層はp側にひろがり, n域にはいらない. また $V(x)$ は

$$V(x) = \frac{qN_A}{2\varepsilon\varepsilon_0}(x^2 + 2x_P x + x_P{}^2), \quad -x_P \leq x < 0 \tag{4・41}$$

$$V(x) = \frac{qN_D}{2\varepsilon\varepsilon_0}(-x^2 + 2x_N x + x_P x_N), \quad 0 < x \leq x_N \tag{4・42}$$

となる. つぎに, 式(4・42)で $x = x_N$ とおき, 式(4・38)の境界条件を用い, 式(4・40)の変形

$$\frac{N_D + N_A}{N_A} = \frac{x_P + x_N}{x_N} \tag{4・40}'$$

を使用すると

$$\phi_0 - V = \frac{qN_D N_A D^2}{2\varepsilon\varepsilon_0(N_A + N_D)} \tag{4・43}$$

が与えられる. $D = x_P + x_N$ は, 空乏層の幅であり, 上式から

$$D = \sqrt{\frac{2\varepsilon\varepsilon_0(N_A + N_D)}{qN_AN_D}(\phi_0 - V)} \qquad (4\cdot44)$$

となる．したがって，逆バイアスを深くかけると D が増加する．

　空乏層には正負の電荷が存在し，加えた電圧が変化すると，その電荷量も変化するから，静電容量を考えることができる．これが接合容量(junction capacitance)であり，空乏層容量(depletion layer capacitance)ともいう．逆バイアスで電圧が微小変化する場合，その微小信号に対する接合容量 C_D を計算しよう．いま単位面積あたりの電荷量を，$\pm Q(V)$ とすれば，式 $(4\cdot40)$，$(4\cdot40)'$ と式 $(4\cdot44)$ から

$$Q(V) = qN_Ax_P = qN_Dx_N = \sqrt{\frac{2\varepsilon\varepsilon_0qN_AN_D}{N_A + N_D}(\phi_0 - V)} \qquad (4\cdot45)$$

である．したがって C_D は

$$C_D = -\frac{dQ(V)}{dV} = \sqrt{\frac{q\varepsilon\varepsilon_0N_AN_D}{2(N_A + N_D)(\phi_0 - V)}} \qquad (4\cdot46)$$

となる．接合容量は $(\phi_0 - V)$ の平方根に反比例し，N_A と N_D が大きく異なる場合，小さいほうの値に支配される．また，式 $(4\cdot46)$ の $dQ(V)/dV$ に，負符号をつけたのは，V が増加すれば(つまり $|V|$ が小さくなれば)空乏層幅 D が減少し，電荷量が減るためである．C_D と V の関係を図 $4\cdot11$ に示した．また C_D は，電極の間隔が D で，比誘電率 ε の誘電体をはさんだ平行板コンデンサの静電容量と同じとなる．C_D^{-2} と V の関係は，式 $(4\cdot46)$ から

$$\frac{1}{C_D^2} = \frac{2(N_A + N_D)(\phi_0 - V)}{q\varepsilon\varepsilon_0N_AN_D} \qquad (4\cdot47)$$

となり，図 $4\cdot12$ のように直線となる．したがって，$C_D^{-2} = 0$ の点まで延長すれば，横軸との交点から拡散電位 ϕ_0 がわかる．また，その直線の傾きから，N_A と N_D を検討できる．

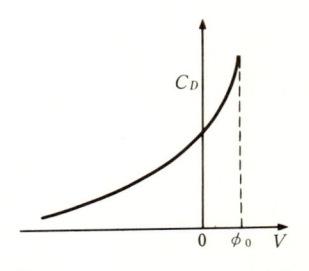

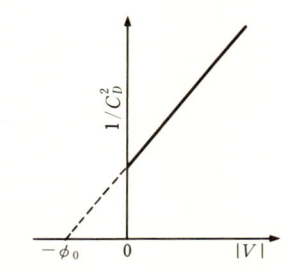

図 $4\cdot11$　V に対する C_D の変化　　　　図 $4\cdot12$　$1/C_D^2$ と $|V|$ の関係

4・4 金属・半導体接触のエネルギー準位

　金属とn形半導体が,接触した場合を考察する.図4・13(a)は,接触前における表面付近のエネルギー帯図である.半導体の伝導帯の底 E_C と,真空準位 (vacuum level) E_S との差を $q\chi$ とおくと,これは半導体固有の値であり,χ は電子親和力 (electron affinity) とよばれる.またフェルミ準位 E_F と E_S との差は,$q\phi_S$ であり,ϕ_S を仕事関数 (work function) という.金属のフェルミ準位 E_{FM} と E_S の差を $q\phi_M$ とおくと,ϕ_M が金属の仕事関数である.半導体では,不純物や電界により,キャリア密度が変化するが,金属のキャリア密度はきわめて高い.したがって,ϕ_M は金属固有の値である.

　いま同図(a)に示したように,$\phi_M > \chi$ とする.金属では,E_{FM} より多いエネルギーをもつ伝導電子の数が,それより少ないエネルギーの伝導電子にくらべて,はるかに少ない.しかし半導体の E_F は,一般にエネルギー・ギャップの中にあるから,伝導電子はすべて E_F より高いエネルギー状態にある.金属内の電子のエネルギーは,半導体の伝導帯にある電子のエネルギーより低い準位にある.したがって接触すると,伝導電子が半導体から流れて金属にはいり,両方のフェルミ準位が一致するまで続く.伝導電子が移動した後の半導体表面には,正にイオン化したドナーが残される.n域の電位は金属にくらべて高くなり,半導体から金属に向かう電界が発生する.このため伝導電子は,半導体にもどされる力をうけるので,電子はある位置まで移動して停止し,定常状態となる.このときのエネルギー準位を図4・13(b)に示す.したがって半導体の表面には,ドナー・イオンのみが存在する空乏層ができる.また金属の電子密度はきわめて高いので,半導体と接触して電子

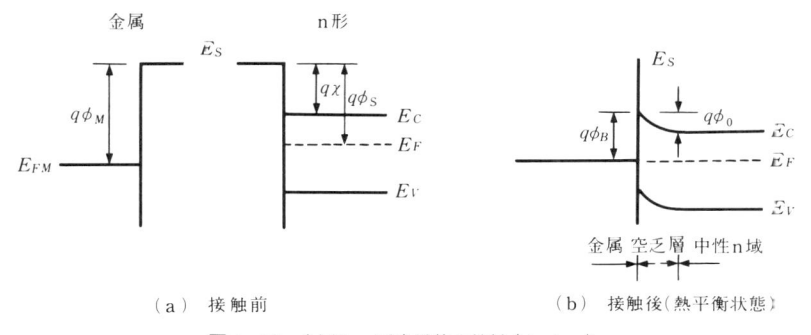

（a）接触前　　　　　　　　　　（b）接触後（熱平衡状態）

図4・13 金属とn形半導体の接触（$\phi_M > \chi$）

が流入しても，その変化量はほとんど無視できる．金属のエネルギー帯は，接触前とくらべて変化せず，そのままの位置を保つとしてよい．このため接触面では，半導体の E_C と E_V も，接触前の値を保つ．また空乏層のため，同図(b)のように，エネルギー帯が曲がり，フェルミ準位が一致する．さらに x と $E_C - E_V$ は変化しないから，E_S も同じように曲がる．空乏層の右側の半導体内部は中性であり，接触によりキャリア移動がないので，$E_C - E_F$ も変化しない．

空乏層に形成された電位差 ϕ_0 を pn 接合と同様に，拡散電位とよぶ．また金属のフェルミ準位と，半導体の伝導帯底の最も高い値との差 $q\phi_B$ は

$$q\phi_B = q\phi_M - q\chi \tag{4・48}$$

である．この $q\phi_B$ はショットキー障壁(Schottky barrier)とよばれる．したがって金属の伝導電子が n 側に移動するとき，この障壁が存在する．また n 域の伝導電子が金属側に移動する場合，拡散電位 ϕ_0 が存在し

$$\phi_0 = \phi_B - \frac{E_C - E_F}{q} \tag{4・49}$$

となる．熱平衡状態では，$q\phi_B$ をこえて金属から n 側に流れる伝導電子数と，$q\phi_0$ をこえて n 域から金属側へ移る伝導電子数は等しい．

つぎに，バイアス電圧を加えた場合を考えよう．図 4・14(a)のように，金属に正電圧 $V(>0)$ を与えると，すなわち順バイアスのとき，その電圧は抵抗の高い空乏層にほとんど加わるから，金属と n 域のフェルミ準位に qV の差ができる．このため，中性 n 域の伝導電子に対するエネルギー障壁は，$q(\phi_0 - V)$ と低くなるから，多くの伝導電子が n 域から金属側に移動する．また同図(b)のように，金属に負電圧 $V(<0)$ を与える逆バイアスの場合，空乏層に $\phi_0 + |V|$ が加えられるから，n 域から金属へはいる伝導電子が減少する．ショットキー障壁 $q\phi_B$ は，

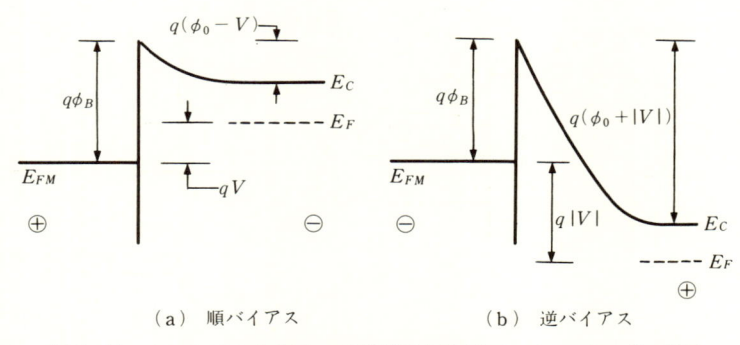

(a) 順バイアス　　　(b) 逆バイアス

図 4・14　バイアスされた金属・n 形半導体接触（$\phi_M > \chi$）のエネルギー帯図

式 (4·48) のように，金属と半導体に，それぞれ固有な ϕ_M と χ できめられるから，加えた電圧 V に依存しない．そのため，金属から n 側に移る伝導電子の数は，V によらない小さい値である．このような特性は，整流性接触 (rectifing contact) あるいはショットキー接触 (Schottky contact) とよばれる．

4·5 ショットキー接触の電流・電圧特性

金属と n 形半導体が，ショットキー接触している場合，その整流特性を図 4·15 に示す．この図は，pn 接合の電流・電圧特性を示した図 4·4 と似ているが，キャリアの振る舞いが異なる．金属・n 形接触では，障壁をこえる多数キャリア (伝導電子) が特性をきめるが，pn 接合では，p 域に注入された少数キャリア (伝導電子) の拡散・再結合が特性をきめる．これらをまとめると表 4·1 となる．これは，多数キャリアとして，正孔を用いても同様である．

金属から n 側に流れる電流密度 J を正として計算すれば

$$J = J_S\{\exp(V/V_T) - 1\} \tag{4·50}$$

$$J_S = A^* T^2 \exp(-\phi_B/V_T) \tag{4·51}$$

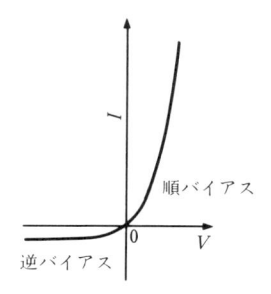

図 4·15 金属・n 形半導体接触 ($\phi_M > \chi$) における整流特性

表 4·1 pn 接合とショットキー接触の比較

		pn 接合	金属・n 形接触
特性		ほぼ同じ	
J_S		小	大
キャリアの振る舞い	同じ点	n 域の多数キャリア (伝導電子) が障壁を越えて移動	
	異なる点	p 域に注入された少数キャリア (伝導電子) の拡散と再結合が特性をきめる	障壁を越える多数キャリア (伝導電子) の数が特性をきめる

$$A^* = \frac{4\pi q m_N^* k_B^2}{h^3} \tag{4・52}$$

となる．ここで A^* は，リチャードソン定数(Richardson constant)とよばれ，m_N^* が真空中の静止質量 m_0 に等しいとき，$A^* = 1.20 \times 10^6 \,\text{A/m}^2\text{K}^2$ である（参考文献 25，2・2 節参照）．

ショットキー接触では，多数キャリアの振る舞いのみを考えればよく，その周波数特性は pn 接合よりかなり改善される（5・3 節参照）．したがってショットキー接触が，マイクロ波(microwave，波長 10 cm〜1 mm 程度の電磁波)の電子デバイス用に注目されている（8 章参照）．

金属と n 形半導体のショットキー接触において，逆バイアス $V = -|V|$ を加えた場合，その静電容量を求める．図 4・16(a)において，幅 x_S の空乏層内には空間電荷があり，それによって電位分布がきめられる．x 軸を図のようにとり，ρ を電荷密度，$V(x)$ を電位とすれば，1 次元のポアソンの式 (4・32) が成立する．空乏層内の電荷は，正電荷をもつドナー・イオンであるから，図 4・16(b)のように，ドナー密度 N_D が一定なら，

$$\rho = qN_D \tag{4・53}$$

となる．金属の電子密度は，半導体のそれにくらべて，かなり高いから，接触前後で，金属のエネルギー帯はほとんど変化しない．また，金属は接地されており，n

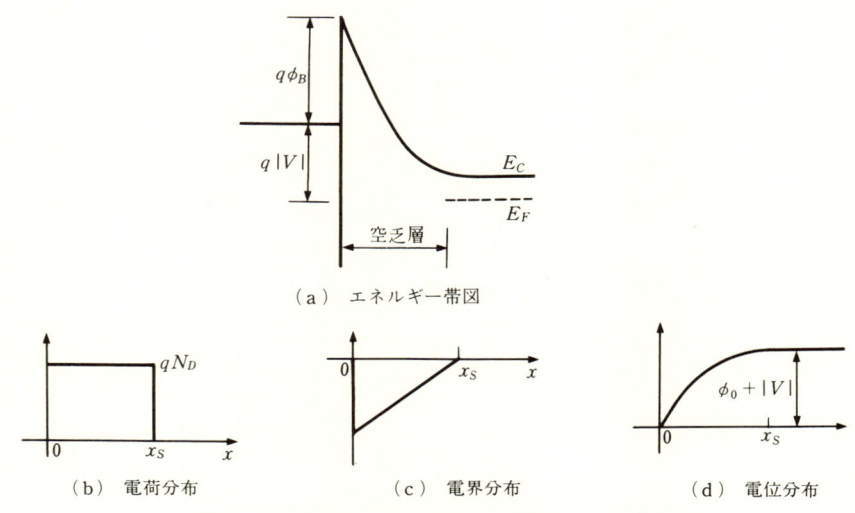

(a) エネルギー帯図

(b) 電荷分布

(c) 電界分布

(d) 電位分布

図 4・16　金属・n 形半導体接触の電位と電界の分布

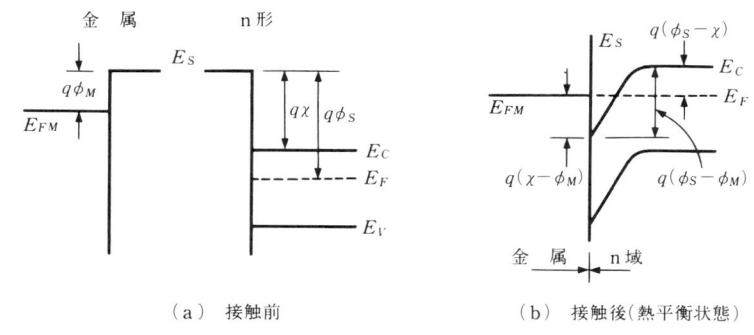

図4・17 金属・n形半導体接触（$\phi_M < \chi$）のエネルギー帯図

域は正の電圧 $|V|$ が加えられているから，同図（c）と（d）より境界条件は

$$x = 0 \qquad V(0) = 0 \tag{4・54}$$
$$x = x_S \qquad V(x_S) = \phi_0 + |V| \tag{4・55}$$
$$\left.\frac{dV(x)}{dx}\right|_{x=x_S} = 0 \tag{4・56}$$

で与えられる．したがって式（4・32）から，電位分布 $V(x)$ が求められ，pn接合の場合と同様に計算すると，空乏層の容量 C_{MS} は

$$C_{MS} = \sqrt{\frac{q\varepsilon\varepsilon_0 N_D}{2(\phi_C + |V|)}} \tag{4・57}$$

となる．それ故，$|V|$ が大きくなると，C_{MS} が減少し x_S が増加する．また C_{MS}^{-2} は $|V|$ に対して直線的に変化するから，図4・12と同様に，$C_{MS}^{-2} = 0$ の点から ϕ_0 の値がわかり，直線の傾きから N_D の値が得られる．

金属の仕事関数 ϕ_M が，図4・17（a）のようにn形半導体の電子親和力 χ より小さい場合を考える．金属の伝導電子が高いエネルギー準位にあるから，接触すると金属からn側へ電子が移り，両方のフェルミ準位が等しくなるまで続き，空乏層が発生しない．n域が正となるように，バイアス V を加えると，図4・17（b）のように空乏層がないから，V はn域内に分布する．n域が負となるバイアスを与えると，電子はn側から金属へ容易に移る．したがって整流特性を示さない．このような接触は，オーム接触（Ohmic contact）とよばれ，デバイスの電極としてよく用いられる．

[例題4・1]　$N_A = 10^{23}\,\text{m}^{-3}$, $N_D = 10^{26}\,\text{m}^{-3}$ と $\phi_0 = 1\,\text{V}$ の Si-pn 接合（300 K）で，逆バイアス 6 V のとき，接合容量 C_D はいくらか．接合面積は $10^{-7}\,\text{m}^2$ である．

[解]　式 (4・46) を用いて

$$SC_D = 10^{-7}\sqrt{\frac{1.6\times10^{-19}\times11.8\times8.854\times10^{-12}\times10^{(23+26)}}{2(10^{23}+10^{26})(1+6)}} = 34.5\,\text{pF}$$

[例題4・2]　ショットキー接触の金属・n 形半導体において，$N_D = 10^{22}$, $\varepsilon = 12$, 拡散電位 0.5 V と逆バイアス 10 V の場合，容量 C_{MS} を求めよ．

[解]　式 (4・57) から

$$C_{MS} = \sqrt{\frac{1.6\times10^{-19}\times12\times8.85\times10^{-12}\times10^{22}}{2(0.5+10)}} = 90\,\mu\text{F/m}^2$$

演 習 問 題

1．300 K の Si-pn 接合において，$n_I = 1.5\times10^{16}\,\text{m}^{-3}$, $N_A = 10^{23}\,\text{m}^{-3}$, $N_D = 10^{26}\,\text{m}^{-3}$ の場合，拡散電位 ϕ_0 はいくらか．
2．下記を説明せよ．
　拡散電位，接合容量，真空準位，ショットキー障壁，リチャードソン定数，オーム接触，電子親和力．

ダイオード

5・1 pn接合ダイオードとその静特性

　pn接合は，前章に述べたように，順バイアスでは電流がよく流れ(順方向特性という)，逆バイアスでは電流がほとんど流れない(逆方向特性とよぶ)．このような整流特性を示すデバイスを，ダイオード(diode)といい，この場合は，pn接合ダイオードとよばれる．電極はオーム接触であり，図5・1にダイオードのエネルギー帯図を示す．同図(a)は熱平衡状態であり，両電極で，電子のエネルギー準位が等しいから，これらを接続しても電流は流れない．また同図(b)は，順バイアスのエネルギー準位を表す．与えた電圧 V は，ほとんど空乏層に加えられるから，電子のエネルギー準位は，p側が qV だけ低くなる．電子と正孔の流れは図4・3(a)と同じようになる．電極から注入された多数キャリアによって電流が流れ，

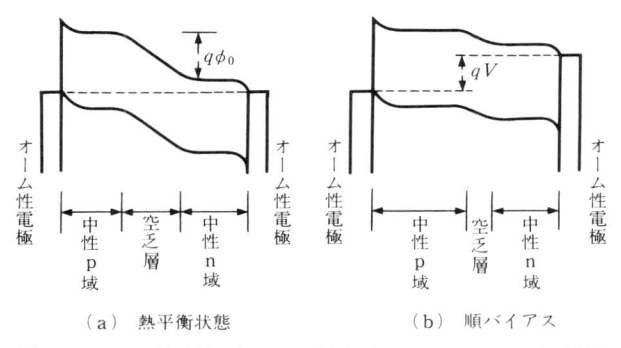

(a) 熱平衡状態　　　(b) 順バイアス

図5・1　オーム性電極を含めたpn接合ダイオードのエネルギー帯図

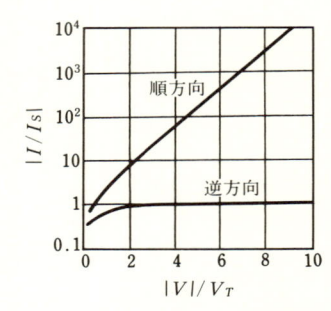

図5・2　pn接合ダイオードの静特性

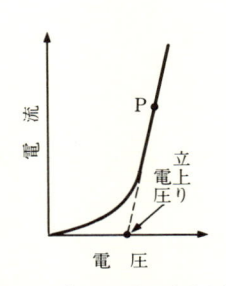

図5・3　ダイオードの立上り電圧

p域の多数キャリア (正孔) の一部は，n側から注入された少数キャリア (電子) と再結合する．残りの正孔は，空乏層をこえてn域に少数キャリアとしてはいり，その領域の多数キャリアと再結合する．すなわち電流は，正孔と電子とによって運ばれ連続である．また，ONの状態で，外部から電流がはいる電極をアノード (anode)，電流が外部へでる電極をカソード (cathode) という．

電流と電圧の関係式は，4章に述べたように

$$I = I_s\{\exp(V/V_T) - 1\} \tag{4・30}$$

で与えられる．この式は直流分についての関係を表しており，一般に静特性 (static characteristic) とよばれる．この特性の一例を図5・2に示す．同図は縦軸が対数座標となっている．$|V|$が$3V_T$程度より大きい場合，逆方向電流は，ほぼ$-I_s$と一定であり，順方向電流は$I_s\exp(V/V_T)$で示される．しかし，実際の順方向特性は，一般に$I_s\exp(V/nV_T)$に比例し，nは1と2の中間の値をとる．また，線形座標で順方向特性を示すと，図5・3となる．電流が急に流れはじめる電圧を，立上り電圧 (cut-in voltage, turn-on voltage) という．この値は，エネルギー・ギャップが大きい半導体ほど大きく，Siのpn接合ダイオードでは0.7 V程度，GaAsでは0.9 Vほどである．

ダイオードの抵抗には，2つの表し方がある．その1つは，図5・3のような静特性の任意の動作点Pにおいて，その点の電圧Vと電流Iの比で定義される．この抵抗をRとすれば，

$$R = \frac{V}{I} \tag{5・1}$$

で表される．上式は，同図において，原点と動作点Pを結ぶ直線の傾きの，逆数を示しており，静抵抗 (static resistance) という．もう1つの抵抗は，電流と電圧が小振幅で動作する場合，ある動作点Pにおける静特性曲線の傾斜の，逆数で定

義される．この抵抗 r_{DY} は，動抵抗(dynamic resistance)とよばれ

$$r_{DY} = \frac{dV}{dI} \tag{5・2}$$

で与えられる．実際の pn 接合ダイオードでは，両側の中性域の抵抗 R_B がある．したがって，ダイオードの端子電圧を V_D，接合部分の電圧を V とすれば

$$V_D = V + IR_B \tag{5・3}$$

となる．ここで R_B はバルク抵抗(bulk resistance)という．ダイオード端子間の動抵抗 R_{DY} は

$$R_{DY} = \frac{dV_D}{dI} = r_{DY} + R_B \tag{5・4}$$

となる．

5・2 pn 接合ダイオードの動特性

　順バイアスの直流電圧 V_0 と微小な振幅の高周波電圧 $V_1\exp(j\omega t)$ が，低抵抗のオーム接触電極を経て，pn 接合に直列に加えられた場合を考察する(図5・4)．このとき，p 域と n 域に拡散した少数キャリアの電荷は，高周波電圧に応じて変化するから，容量が存在することとなる．解析を簡単にするため，つぎのように仮定する．すなわち，与えられた電圧は，すべて空乏層に加えられる．また，空乏層は狭く，この層内で再結合に起きないとする．さらに，注入された少数キャリアの密度は，多数キャリアのそれにくらべて，かなり低く，再結合により消滅するから，それぞれの電極には到達しない．いま電圧を

$$V = V_0 + V_1\exp(j\omega t) \tag{5・5}$$

とおく．ここで $V_0 \gg V_1$ の状態，すなわち，小信号の条件(small signal condition)で考える．ω は角周波数である．

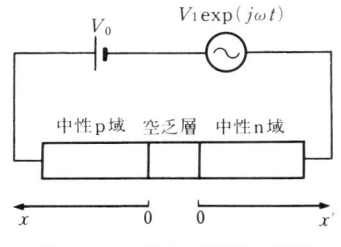

図5・4　pn 接合の動特性の計算

n域の $x'=0$ で，注入される正孔密度 $p-p_{NO}$ は，式 (4・14) から

$$p - p_{NO} = p_{NO}\{\exp(V/V_T) - 1\} \tag{5・6}$$

となる．p_{NO} は，中性n域の正孔密度である．高周波電圧の振幅は，きわめて小さく，$V_1 \ll V_T$ とし，つぎの近似式

$$\exp\{(V_1/V_T)\exp(j\omega t)\} \fallingdotseq 1 + (V_1/V_T)\exp(j\omega t)$$

を用いると

$$\exp(V/V_T) \fallingdotseq \exp(V_0/V_T)\{1 + (V_1/V_T)\exp(j\omega t)\}$$

であるから，式 (5・5) を式 (5・6) へ代入し，上式を用いると

$$p - p_{NO} \fallingdotseq p_0 - p_{NO} + p_1 \exp(j\omega t) \tag{5・7}$$

となる．ここで

$$\left. \begin{array}{l} p_0 = p_{NO}\exp(V_0/V_T) \\ p_1 = p_0(V_1/V_T) \end{array} \right\} \tag{5・8}$$

とした．式 (5・7) 右辺の $p_0 - p_{NO}$ は，注入された正孔の直流成分，また $p_1\exp(j\omega t)$ は高周波成分である．

n域の少数キャリアについても，式 (3・63) と同様に考えて，$F=0$ および $G=0$ とし，さらに x を x' とおき換えると

$$\frac{\partial p}{\partial t} = D_P \frac{\partial^2 p}{\partial x'^2} - \frac{p - p_{NO}}{\tau_P} \tag{5・9}$$

となる．式 (5・7) を式 (5・9) に代入すると

$$j\omega p_1 \exp(j\omega t) = D_P \frac{\partial^2}{\partial x'^2}\{p_0 - p_{NO} + p_1\exp(j\omega t)\}$$

$$-\frac{1}{\tau_P}\{p_0 - p_{NO} + p_1\exp(j\omega t)\} \tag{5・10}$$

が得られる．この式を直流成分と高周波成分にわけると，$\partial/\partial x'$ を d/dx' におき換えて

$$\frac{d^2(p_0 - p_{NO})}{dx'^2} = \frac{p_0 - p_{NO}}{L_P^2} \quad \text{直流成分} \tag{5・11}$$

$$\frac{d^2 p_1}{dx'^2} = \frac{1 + j\omega\tau_P}{L_P^2} p_1 \quad \text{高周波成分} \tag{5・12}$$

となる．L_P は式 (4・24) で与えられた正孔の拡散の長さである．式 (5・11) は，既に 2・7 節に述べられており，ダイオードの静特性を与える．式 (5・12) の解を求めよう．境界条件は式 (5・8) を用いると

$$x' = 0 \qquad p_1 = p_0(V_1/V_T) \tag{5・13}$$

5・2 pn接合ダイオードの動特性

$$x' = \infty \qquad p_1 = 0 \tag{5・14}$$

で与えられるから，

$$p_1 = \left(p_0 \frac{V_1}{V_T}\right) \exp\left(-\frac{x'}{L_P'}\right) \tag{5・15}$$

となる．ここで

$$\frac{1 + j\omega\tau_P}{L_P{}^2} = \frac{1}{L_P'{}^2} \tag{5・16}$$

とおいた．正孔の電流密度の高周波成分 J_{P1} は，式 (3・51) を参照して

$$J_{P1} = -qD_P \frac{dp_1}{dx'} \tag{5・17}$$

であるから，上式に式 (5・15) を代入し，$x' = 0$ とすると

$$J_{P1} = \frac{qp_0 D_P V_1 \sqrt{1 + j\omega\tau_P}}{V_T L_P} \tag{5・18}$$

が得られる．また p 域の $x = 0$ における，電子の電流密度の高周波成分 J_{N1} は，同様の方法で求められ

$$J_{N1} = \frac{-qn_0 D_N V_1 \sqrt{1 + j\omega\tau_N}}{V_T L_N} \tag{5・19}$$

となる．ここで n_0 は

$$n_0 = n_{P0} \exp(V_0/V_T) \tag{5・20}$$

である．

式 (5・19) の J_{N1} は，高周波量であるから，同式右辺の負符号を省いて考えると，拡散電流密度の高周波成分 J_1 は

$$\begin{aligned} J_1 &= J_{P1} + J_{N1} \\ &= \frac{qV_1}{V_T} \exp\left(\frac{V_0}{V_T}\right) \left(\frac{p_{N0} D_P}{L_P} \sqrt{1 + j\omega\tau_P} + \frac{n_{P0} D_N}{L_N} \sqrt{1 + j\omega\tau_N}\right) \end{aligned} \tag{5・21}$$

となる．pn 接合の単位面積あたり高周波アドミタンス Y_F は

$$\begin{aligned} Y_F &= \frac{J_1}{V_1} = G_F + jB_F \\ &= \frac{q}{V_T} \exp\left(\frac{V_0}{V_T}\right) \left(\frac{p_{N0} D_P}{L_P} \sqrt{1 + j\omega\tau_P} + \frac{n_{P0} D_N}{L_N} \sqrt{1 + j\omega\tau_N}\right) \end{aligned} \tag{5・22}$$

である．この Y_F は，順バイアスの直流成分 V_0 や角周波数 ω に依存し，拡散アドミタンス (diffusion admittance) とよばれる．

周波数が低く，$\omega\tau_P \ll 1$ および $\omega\tau_N \ll 1$ の場合

$$\sqrt{1 + j\omega\tau_P} \fallingdotseq 1 + j(\omega\tau_P/2)$$

$$\sqrt{1 + j\omega\tau_N} \fallingdotseq 1 + j(\omega\tau_N/2)$$

と表されるから，Y_F は

$$Y_F \fallingdotseq \frac{q}{V_T}\exp\left(\frac{V_0}{V_T}\right)\left\{\left(\frac{p_{NO}D_P}{L_P} + \frac{n_{PO}D_N}{L_N}\right) + j\frac{\omega}{2}(p_{NO}L_P + n_{PO}L_N)\right\} \qquad (5\cdot23)$$

となり，サセプタンスが容量性であることを示している．したがって $B_F = \omega C_F$ とおくと，静電容量 C_F は

$$C_F \fallingdotseq \frac{q}{2V_T}\exp\left(\frac{V_0}{V_T}\right)(p_{NO}L_P + n_{PO}L_N) \qquad (5\cdot24)$$

で与えられ，周波数に依存しない．この C_F は，少数キャリアの拡散によって発生するから，拡散容量(diffusion capacitance)とよばれる．また上式は，順バイアス V_0 が高いと，大きい順方向電流が流れ，C_F も大きくなることを示している．

順バイアスの pn 接合で，高周波成分に対する等価回路は，図 5・5(a) のように，コンダクタンス G_F，拡散容量 C_F および接合容量 C_D の並列回路で表される．逆バイアスの場合，少数キャリアの注入がないから，Y_F は生じない．同図(b)のように，接合の逆方向の高抵抗 R_R と，接合容量 C_D が並列に接続された等価回路となる．

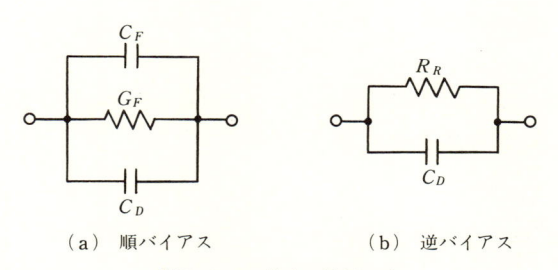

（a）順バイアス　　　　（b）逆バイアス

図 5・5　pn 接合の等価回路

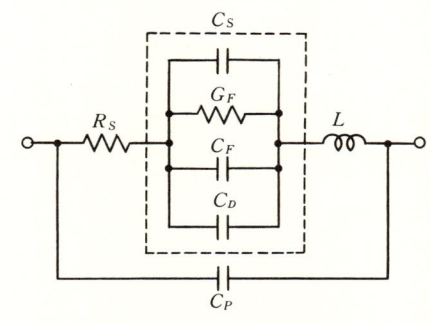

図 5・6　pn 接合ダイオードの小信号等価回路(順バイアス)

5・2 pn接合ダイオードの動特性

　順バイアスのpn接合ダイオード全体の小信号等価回路は，図5・6で与えられる．破線で囲まれた部分が，接合部分に相当する．またR_Sは，半導体部分とオーム性電極の接触抵抗，L_Sはリード線のインダクタンス，C_Sは電極構造やリード線などによる容量，さらにC_Pはパッケージの浮遊容量である．

　周波数が高く，$\omega\tau_P \gg 1$と$\omega\tau_N \gg 1$が成立する場合，式(5・22)のY_Fは近似的に

$$Y_F \simeq \sqrt{\frac{\omega}{2}}\frac{q}{V_T}\exp\left(\frac{V_0}{V_T}\right)(p_{NO}\sqrt{D_P} + n_{PO}\sqrt{D_N})(1+j) \qquad (5・25)$$

となる．すなわち，コンダクタンスとサセプタンスの大きさが等しく，ともに周波数の平方根に比例する．したがって，拡散容量C_Fは，$\sqrt{\omega}$に反比例することとなる．

　Y_Fの周波数特性を，模式的に図5・7に示す．周波数が低いと，式(5・23)のように，G_Fは一定であり，B_Fはωに比例する．また周波数が高い場合，式(5・25)から，$G_F = B_F$であり，$\sqrt{\omega}$に比例する．

　これまでC_Fを定量的に求めてきたが，図5・8により，定性的に説明しよう．順バイアスV_0のみの場合，既に学んだように，n域に注入される少数キャリア密度は$p_0 - p_{NO}$であり，この密度差のため直流の拡散電流が流れる．さらに$V_1\exp(j\omega t)$が加わると，注入されるキャリア密度が変化し，その振幅は$x' = 0$で$\pm p_1$である．したがって，同図の網かけの部分の正孔が，蓄積または放出されて，拡散による正孔の流れの連続が保たれる．p域に注入される電子についても同様である．このことは接合部分にC_Fがあり，充放電を繰り返していることと等価である．このように，入力高周波電圧の変化が，出力に影響するような動作特性を，動特性(dynamic characteristic)とよび，一般に入力の周波数変化に対する，デバイスの周波数特性で示される．

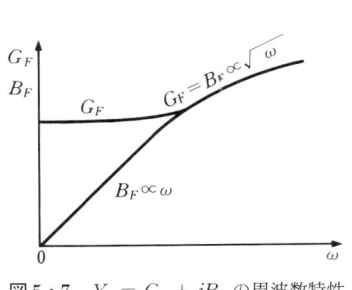

図5・7　$Y_F = G_F + jB_F$の周波数特性

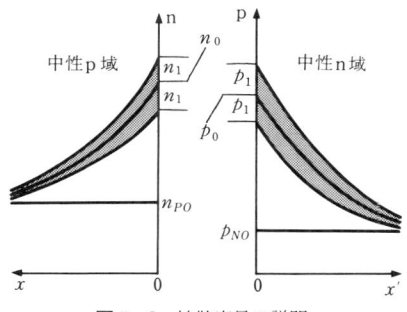

図5・8　拡散容量の説明

5・3 少数キャリアの蓄積

順バイアスの pn 接合ダイオードの中性 p および n 域では，それぞれに過剰な電子と正孔が注入される．それらは再結合しながら進み，その密度は距離とともに指数関数的に減少することは前に述べた．したがって，バイアス電圧が逆方向に，ゆっくり変化すると，それぞれの中性域における少数キャリアは消滅する．しかし，逆方向に急激に変化する場合，少数キャリアは接合面を通り引きもどされる．これらが消滅するまでのある期間，逆方向電流が流れる．この時間は，数 ns 程度であり，回復時間(recovery time)あるいは蓄積時間(storage time)という．またこの現象を，少数キャリアの蓄積効果(storage effect of minority carrier)とよばれる．

順バイアスで定常状態にあったダイオードが，時刻 $t=0$ に，急に逆バイアスされたとしよう．このとき中性 p 域にあった伝導電子の一部は，正孔と再結合して減少する(その時間割合は，ほぼ τ_N^{-1} に等しい)，残りの電子は n 域に向かって流れるが，p 域の内側からの拡散で補給される．したがって中性 p 域内の電子分布は，t の増加とともに，図 5・9 のように変化する．ある時刻 τ_S までは，$x=0$ 付近の電子密度が高く，接合部にかかる端子電圧は，順方向の低い値を保つ．しかしこの値は，逆バイアスの値にくらべて小さいから，一定の逆方向電流 I_R が流れる．$t=\tau_S$ になると，$x=0$ の電子密度は熱平衡値 n_{PO} まで減少する．端子電圧は 0 となり，一定の I_R が流れていた蓄積の状態が終る．この τ_S が蓄積時間であり，$t>\tau_S$ になると，$x=0$ の電子密度は急速に 0 となる．したがって τ_S を小さくするには，電子(少数キャリア)の寿命 τ_N を小さくする必要がある．

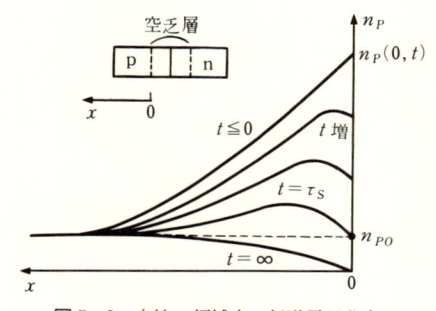

図 5・9 中性 p 領域内の伝導電子分布

pn接合ダイオードにおける少数キャリアの回復時間 τ_s は，数 ns であることを前に述べた．金属・半導体接触を用いた，ショットキーダイオード(Schottky barrier diode, SB diode)では，金属に正電圧を加える順バイアスにおいて，電流は多数キャリアによるから，少数キャリアの蓄積効果がほとんどなく，その回復時間は 0.1 ns 程度である．なお英語名からみると，ショットキー障壁ダイオードというべきであるが，簡単のため，本書では障壁を省略してよぶことにする．

5・4　pn接合ダイオードの逆方向降伏

pn接合ダイオードの静特性は，式(4・30)のように，逆方向電圧を与えると，電流 I_S で飽和する．しかし実際には，かなり大きい逆方向電圧 $|V|$ になると，図5・10のように，急激に大きい電流が流れる．これを逆方向の降伏(breakdown)といい，降伏がはじまる電圧 $-V_B$ を逆方向の降伏電圧(breakdown voltage)とよぶ．このような降伏の原因は，電子のなだれ増倍(avalanche multiplication)とトンネル効果(tunnel effect)の2つが考えられる(図5・11)．

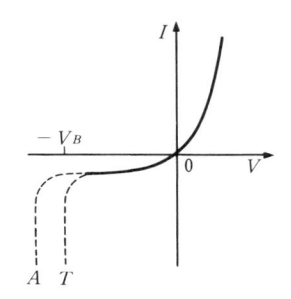

図5・10　pn接合ダイオードの降伏，
A：なだれ増倍による場合，
T：トンネル効果による場合

（1）　なだれ増倍による降伏

逆方向電圧 $|V|$ が高くなると，空乏層内の電界が強くなり，その層を通過する電子の速度が増加し，運動エネルギーが高くなる．走行中の電子は，母体の原子に衝突して，そこから価電子をはじきだし，電子・正孔対をつくる．さらに，これらのキャリアは，再び電界で加速され，原子と衝突を繰り返しながら，電子・正孔対がなだれのように増えて，逆方向電流が急激に増加し降伏する．この現象は，衝突電

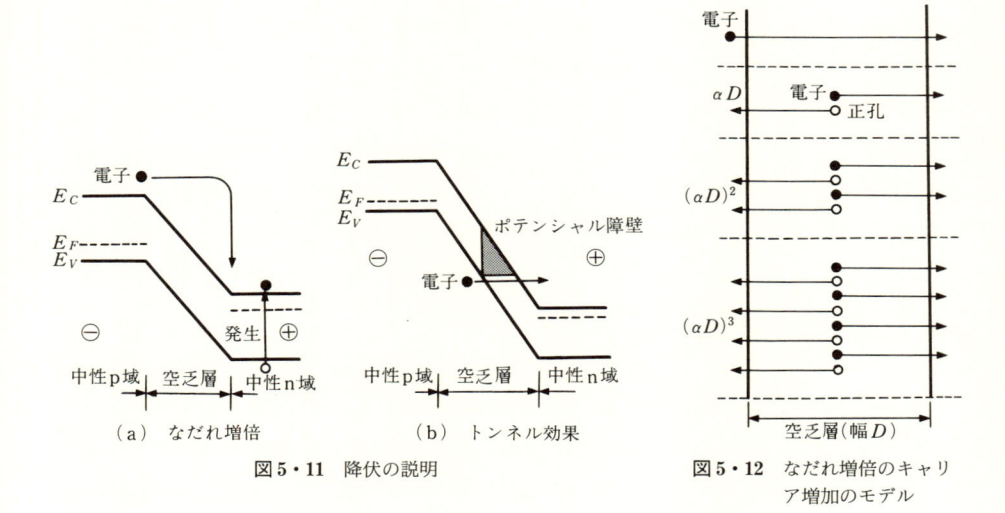

図5・11 降伏の説明　　　**図5・12** なだれ増倍のキャリア増加のモデル

離(impact ionization)によって，なだれ増倍が起こるといい，不純物密度が $2 \times 10^{17}\,\mathrm{cm}^{-3}$ 程度より少なく，電界強度が $100\,\mathrm{kV/cm} \sim 1\,\mathrm{MV/cm}$ で発生する．

図5・11(a)に示した逆バイアスのpn接合において，空乏層におけるイオン化率(ionization coefficient)を $a\,[\mathrm{cm}^{-1}]$ とする．これは，電子が単位長さを移動したとき，発生する電子・正孔対の数である．いま，1個の電子あるいは正孔が，この層(幅 D)を通過する間に，aD 対の電子・正孔をつくる場合を考える．a が層内で一様とすれば，図5・12のように，aD 対の電子・正孔が，等価的に層の中央部で発生すると考えてよい．つぎに，発生した aD 個の正孔の走行により，平均して p 側から $D/4$ 離れた点で，$(aD)(aD/2)$ 対の電子・正孔をつくる．したがって，$(aD)^2$ 対の電子・正孔が，平均して空乏層の中央で発生したこととなる．さらに，これらの電子と正孔は，空乏層を走行する間に，$(aD)^3$ 対の電子・正孔をつくる．このような繰り返しの結果，1対の衝突電離によって，全体で M 対のキャリアが空乏層を通過することとなり，

$$M = 1 + aD + (aD)^2 + (aD)^3 + \cdots = \frac{1}{1-aD} \qquad (5 \cdot 26)$$

である．つまり，pn接合を流れる電流は，はじめの電流の M 倍となり，この M をなだれ増倍率(avalanche multiplication factor)という．これまで，図5・12のモデルで，M を説明したが，定量的に扱っても同じ結果が導かれる．

イオン化率 a は，電界強度 F に強く依存し，SiおよびGaAsの測定結果(室温)

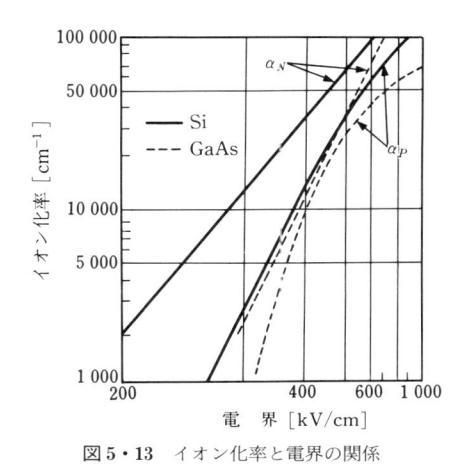

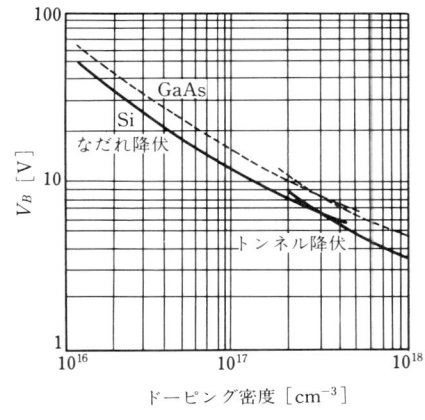

図 5・13 イオン化率と電界の関係

図 5・14 降伏電圧 V_B の例（常温の場合）

を図 5・13 に示す．同図の α_N と α_P は，それぞれ電子と正孔のイオン化率であり，一般に異なる値を示す．電界強度が 300〜400 kV/cm より高くなると，イオン化率は 10^4 cm^{-1} よりきわめて大きい値となる．式 (5・26) で，D は空乏層の幅であるから，右辺の αD を変化し，1 に近付けることができる．またなだれ降伏電圧は，M が無限大となる電圧と定義されるから，降伏条件は，式 (5・26) から

$$\alpha D = 1 \qquad (5\cdot27)$$

となる．したがって，上式と α の電界依存性から，降伏電圧 V_B が計算される．V_B の値は，ドーピング密度などによって大きく変化するが，2×10^{17} cm^{-3} の場合，Si で 8 V，GaAs で 10 V 程度である．GaAs の V_B が Si のそれより高いのは，エネルギー・ギャップが大きいためである．エネルギー・ギャップが大きいと，電子が衝突の間に，受け取らねばならない運動エネルギーが多くなり，けっきょく降伏電圧が高くなる．

pn 接合におけるドーピング密度と，降伏電圧の関係の一例を図 5・14 に示した．同図の計算値は，ドーピング密度が 2×10^{17} cm^{-3} より少ないと，なだれ増倍により降伏するが，不純物密度がかなり高いと，つぎに述べるトンネル効果による降伏が現れることを示している．

（2） トンネル効果による降伏

高い不純物密度（5×10^{17} cm^{-3} より多い）の pn 接合では，図 5・11(b) に示したように，フェルミ準位 E_F は，p 域では E_V のすぐ上に，n 域では E_C のすぐ下に

ある．したがって逆バイアスが大きくなり，電界強度が 1～10 MV/cm 程度になると，エネルギー準位が強く傾斜し，p 域の価電子帯と n 域の伝導帯との距離がきわめて小さくなり，p 側の電子が，ポテンシャル障壁を透過して，n 域の伝導帯に移る．これをトンネル効果とよび，p 側の電子がポテンシャル障壁を越えるだけのエネルギーをもたなくても，n 域に現れる．電圧が増すと透過する電子が多くなり，逆方向電流が急激に増加して降伏する．

この現象は，障壁を通過する電子波の特性で説明できる．すなわち図 5・11(b) のような，三角形のポテンシャル障壁で，障壁の右側に透過する電子波の割合 T を計算できる．結果は，電界強度が高くなると，T が増加することを示している．

前述の図 5・14 に与えたように，ドーピング密度が 5×10^{17} cm^{-3} より多くなると，トンネル効果により，逆方向電流が急激に流れ降伏する．これはツェナー降伏 (Zener breakdown) ともよばれる．

トンネル効果は，メモリデバイス (11 章) などに利用されている．また，なだれ増倍は，ダイオードの逆バイアスの上限をきめるから，バイポーラトランジスタ (6 章) のコレクタ電圧や MOS FET (7 章) のドレイン電圧を制限する．さらに，なだれ増倍により，マイクロ波を発振するインパットダイオード (9 章) および光信号を検出するフォトダイオード (10 章) などがある．

5・5　ダイオードの応用

ダイオードの最も基本的な機能は，整流作用である．この特性により，交流電圧の整流，高周波信号の検波 (detection)，変調 (modulation)，混合 (mixing)，逓倍 (multiplication) およびスイッチング (switching) などに広く用いられる．また空乏層幅は，加えた電圧によって変化するから，この特性を利用したのが可変容量ダイオードである．この接合容量は，マイクロ波帯の電圧にも応答するから，可変リアクタンス素子として重要であり，周波数逓倍周波数変調および周波数変換 (frequency conversion) などに使用される．VHF 帯 (30～300 MHz) と UHF 帯 (0.3～3 GHz) の可変容量ダイオードは，バリキャップ (variable capacitor)，マイクロ波帯ではバラクタ (variable reactor) とよばれることが多い (周波数帯については，付録 2 参照)．さらに pn 接合の降伏電圧付近では，電流が増加しても電圧はほとんど変化しない．この特性を積極的に利用したのが，定電圧ダイオード (voltage regulating diode) である．

表5・1　ダイオードの機能と用途
（pnDはpn接合ダイオード，SBDはショットキーダイオード）

- 整流作用 ────── 接合または接触の障壁（pnD, SBD）
- 可変容量 ────── 空乏層（pnD, SBD）
- 定電圧特性 ──── なだれ降伏，ツェナー降伏（pnD）
- マイクロ波用
- フォトニクス用

表5・2　Si-pnダイオードにおけるパラメータの一例

	p域	n域
長さ	300 μm	3 μm
不純物密度	$N_A = 10^{23}$ m^{-3}	$N_D = 10^{26}$ m^{-3}
少数キャリア 寿命	$\tau_N = 10$ ns	$\tau_P = 1$ ns
少数キャリア 拡散係数	$D_N = 5 \times 10^{-3}$ m^2/s	$D_P = 10^{-3}$ m^2/s
多数キャリア 移動度	$\mu_P = 10^{-2}$ m^2/V·s	$\mu_N = 10^{-2}$ m^2/V·s
真性キャリア密度	$n_i = 1.5 \times 10^{16}$ m^{-3}	
接合面積	$S = 10^{-7}$ m^2	
温度	$T = 300$ K	
比誘電率	$\varepsilon = 11.8$	

整流　　　　　　可変容量　　　　　定電圧　　　　　ショットキー形

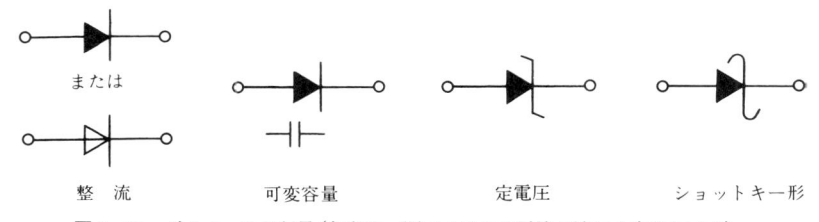

図5・15　ダイオードの記号（矢印は，順バイアスで電流が流れる向きを示す）

　ダイオードの機能と用途を分類すると，表5・1となる．同表のマイクロ波用は9章に，発光や受光に用いられるフォトニクス（photonics）用は10章に述べられる．また，Si-pn接合ダイオードのデバイス・パラメータの1例を，表5・2に示す．さらに，いくつかのダイオードの回路図における記号を，図5・15に与えた．記号の矢印は，順バイアスで電流が流れる向きを示す．

　整流用のpn接合ダイオードは，接合部に大電流が流れるので，耐圧を高くしなければならない．耐圧は，空乏層内の最大電界が，なだれ降伏電界に等しくなるような場合の，外部から与えた電圧で示す．ダイオードの耐圧は，一般に入力の交流振幅の2倍より大きくとられている．メサ構造（mesa structure）をもつ整流用ダイオードの例を模式的に図5・16に示す．メサというのは，本来スペイン語であり，周辺部分から一段と高くなり，頂部が水平なテーブル形の大きい岩石を意味する．同図（a）のプレーナ形（planer type）では，pn接合部の端に矢印のような電

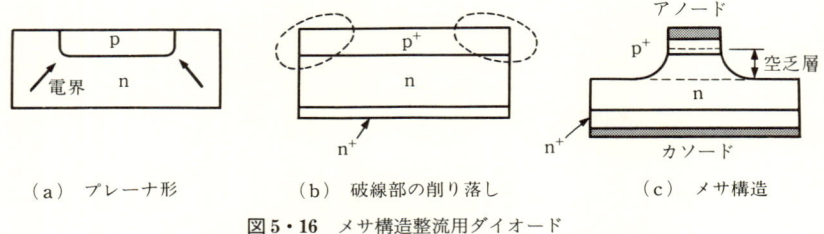

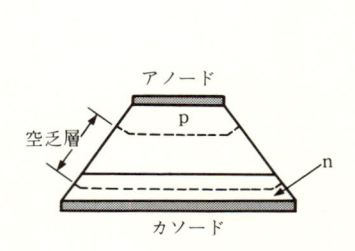

図5・16 メサ構造整流用ダイオード
(a) プレーナ形
(b) 破線部の削り落し
(c) メサ構造

図5・17 ベベル構造整流用ダイオード

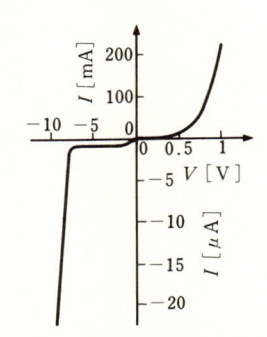

図5・18 定電圧ダイオードの静特性例

界が集中し，内部よりはやくなだれ降伏が起こり，耐圧が低下する．したがってSiウエーハを，同図(b)のように，破線内の部分をエッチング(etching)により削り，残った部分にアノードをとりつけて，メサ状につくりあげる．エッチングというのは，物質表面を腐食剤により，化学的に腐食させて除去することである．したがって同図(c)のメサ構造は，一般にパッケージに封入されているが，大きな電力を扱うことができる．また図5・17のように，側面を接合面に対して傾斜させた，ベベル構造(bevel structure)にすると，ダイオード表面の空乏層幅が広くなり，耐圧が高くなる．

定電圧ダイオードの静特性の一例を，図5・18に示した．降伏電圧の付近で，電流がかなり増加しても，電圧はほとんど変化しない．逆バイアス領域で$\Delta V/\Delta I$をとると，つまり動抵抗を考えると，この値が小さいほど定電圧特性がよいこととなる．

[例題5・1] 27℃のSi-pn接合ダイオードで，拡散係数D_Nは$5 \times 10^{-3} \text{ m}^2/\text{s}$，少数キャリアの寿命$\tau_N$が10 nsである(表5・2参照)．伝導電子の拡散の長さL_Nを求めよ．

[解] 式(4・16)に数値をいれると

$$L_N = \sqrt{D_N \tau_N} = (5 \times 10^{-3} \times 10 \times 10^{-9})^{\frac{1}{2}} = 0.71 \times 10^{-5} \text{ m}$$

[例題 5・2] 式 (5・15) を導け.

[解] 式 (5・16) を式 (5・12) に適用すると

$$\frac{d^2 p_1}{dt^2} = \frac{1}{L'_p} p_1 \cdots (1), \quad p_1 = A\exp\left(\frac{x'}{L'_p}\right) + B\exp\left(-\frac{x'}{L'_p}\right) \cdots (2)$$

さらに式 (5・13) と (5・14) をそれぞれ式 (2) に用いると

$$p_1 = p_0\left(\frac{V_1}{V_T}\right) = A + B \cdots (3), \quad A = 0 \cdots (4)$$

$$\therefore \quad p_1 = p_0\left(\frac{V}{V_T}\right)\exp\left(-\frac{x'}{L'_p}\right) \tag{5・15}$$

演 習 問 題

1. $I_S = 8\,\mu\text{A}$ の pn 接合ダイオードにおいて,$I = 0.8\,\text{mA}$ の場合,r_{DY} はいくらか.ただし温度は 300 K とする.
2. 下記を説明せよ.
   静抵抗と動抵抗,小信号の条件,接合容量,拡散容量,回復時間,蓄積時間,バラクタ.

6章 バイポーラトランジスタ

6・1 増幅の原理

表6・1 トランジスタの種類

トランジスタ ─┬─ バイポーラ型 ─┬─ pnp
　　　　　　　│　　　　　　　　└─ npn
　　　　　　　└─ ユニポーラ型

　トランジスタには，表6・1のように，いくつかの種類があるけれど，ともに入力信号を増幅する機能をもつ．ショックレイ(W.B. Shockley)のトランジスタの増幅作用には，電子と正孔の2つのキャリアが寄与するので，「双極性の」を意味するバイポーラ(bipolar)という語を用いて，バイポーラトランジスタ(bipolar transistor)とよばれるようになった．接合の形式には，n形半導体をp形ではさむpnp形と，p形をn形半導体ではさんだnpn形とがある．また増幅作用には，1種類のキャリアが関与するトランジスタもあり，これは「単極性の」を示すユニポーラ(unipolar)を用いて，ユニポーラトランジスタ(unipolar transistor)とよび，次章に述べられる．

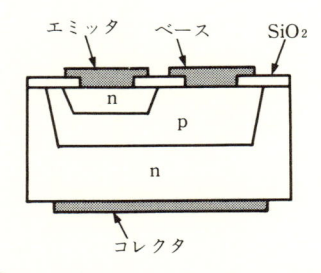

図6・1　プレーナ形トランジスタの模式図

planer形の接合トランジスタ (junction transistor) の例を，模式的に図6・1に示す．トランジスタ1個がパッケージにはいっており，単独で回路の構成部分となるから，ディスクリートトランジスタ (discrete transistor) ともよばれる．2つのn形半導体は，エミッタ (emitter) とコレクタ (collector) といい，ベース (base) とよばれる薄いp形半導体でわけられる．これらのn域は，不純物密度や形状などが異なる．図6・2は，npnとpnpトランジスタの模式図と，回路図の記号である．同図のE，BとCは，それぞれエミッタ，ベースとコレクタを意味し，記号の矢印は，エミッタに流す電流の向きを示す．電圧の与え方は，同図(a)と(b)のように，エミッタとベース間のpn接合(エミッタ接合とよぶ)は順バイアス ($V_{EB} > 0$)，ベースとコンクタ間のpn接合(コレクタ接合という)は逆バイアス ($V_{CB} < 0$) に接続されている．また同図の電圧を示す矢印は，その先端が正電位である．npnとpnpトランジスタの特性は同じなので，主としてnpn形について考

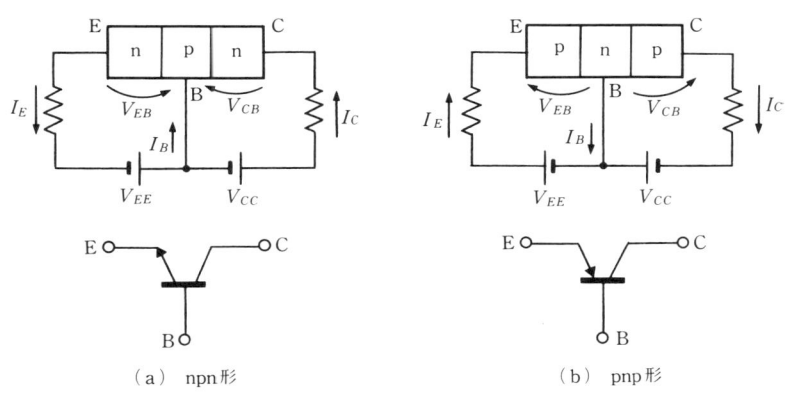

(a) npn形 (b) pnp形

図6・2 バイポーラトランジスタのモデルと記号

表6・2 Si-npnトランジスタにおけるパラメータの一例

		エミッタ n	ベース p	コレクタ n
長さ		$W_E = 3\ \mu m$	$W = 1\ \mu m$	$W_C = 300\ \mu m$
不純物密度		$N_E = 10^{26}\ m^{-3}$	$N_B = 10^{23}\ m^{-3}$	$N_C = 10^{22}\ m^{-3}$
少数キャリア	寿命	$\tau_E = 1\ ns$	$\tau_B = 10\ ns$	
	拡散係数	$D_E = 10^{-3}\ m^2/s$	$D_B = 5 \times 10^{-3}\ m^2/s$	
多数キャリア 移動度		$\mu_E = 10^{-2} m^2/V \cdot s$		
真性キャリア密度			$n_I = 1.5 \times 10^{16}\ m^{-3}$	
接合面積			$S = 10^{-7}\ m^2$	
温度			$T = 300\ K$	
比誘電率			$\varepsilon = 11.8$	

察する．表6・2に，Si-npnトランジスタのパラメータの一例を示す．

　バイアス V_{EB} と V_{CB} が与えられている npn 形で，電子の流れを考えよう（図6・3）．エミッタ接合の電位障壁は，qV_{EB} だけ低くなる．したがって，n形のエミッタに多数存在する伝導電子のうち，この障壁より高いエネルギーをもつ電子が，p形の中性ベース（幅 W）にはいる．W の値は 1 μm 程度であり，ベースにある電子の拡散の長さ（7 μm 程度）にくらべてかなり小さい．それで，エミッタからベースにはいった電子流は，再結合のためわずかに減少するが，拡散によってベースを通過し，コレクタ接合の空乏層に達する．コレクタのフェルミ準位は，ベースのそれにくらべて qV_{CB} 低くなっているから，この層内に強い電界が存在する．したがって，電子流は速やかに，コレクタ側のn域にはいる．コレクタを流れるキャリアの大部分は，エミッタからはいってきた伝導電子である．またエミッタ接合で，ベースからエミッタへはいる正孔は，わずかである．この正孔は，ベース電流 I_B によって補給され（実際は電子がベース外へでると考えてよい），ベースの電位が変化する．たとえば I_B が減少すると，正孔の補給が減り，ベースが負に帯電し，エミッタ接合の障壁が高くなる．それでエミッタからの電子の通過が減少し，コレクタ電流 I_C が減ることとなる．つまりベース電位が，エミッタからはいる電子の量を支配し，小さい I_B で I_C の大きさを制御し，増幅作用が行われることとなる．

　電子流をすこし詳しく考察しよう．図6・4のように，トランジスタを中性エミッタ，エミッタ接合の空乏層，中性ベース，コレクタ接合の空乏層および中性コレクタの5つの領域にわける．エミッタ電流密度を J_E とし，中性ベースのエミッタ側の面 A_I の電流密度を J_{BI} とすれば，その比

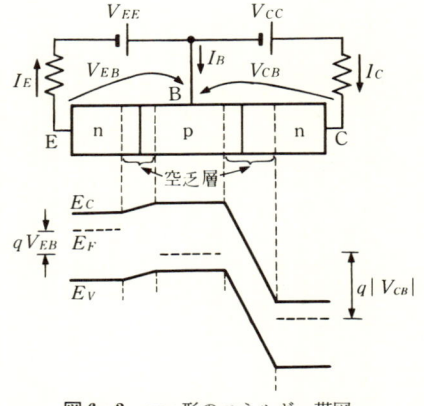

図6・3　npn形のエネルギー帯図

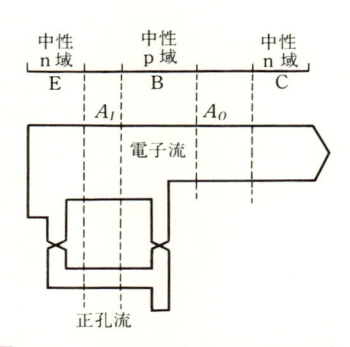

図6・4　npnトランジスタのキャリア流れ

$$\alpha_E = \frac{J_{BI}}{J_E} \tag{6・1}$$

を注入効率(injection efficiency)という．つぎに中性ベースのコレクタ側の面 A_0 において，電流密度を J_{BO} とすれば，

$$\alpha_T = \frac{J_{BO}}{J_{BI}} \tag{6・2}$$

とおき，α_T をベース効率(base efficiency)とよぶ．コレクタ電流密度を J_C とし，逆方向の飽和電流密度はかなり小さいから省略すると

$$J_C = J_{BO} \tag{6・3}$$

である．また，J_{BI} と J_{BO} との差は

$$J_{BI} - J_{BO} = J_{BB} \tag{6・4}$$

となる．この J_{BB} は，ベース内で消費される少量の正孔を補給する正孔電流密度である．ベースからエミッタにはいる少量の正孔に対して，これを補給する正孔電流密度を J_{BE} とすれば，ベース電流密度 J_B は

$$J_B = J_{BB} + J_{BE} \tag{6・5}$$

で表される．また同図から明らかなように

$$J_E = J_B + J_C \tag{6・6}$$

が成立するから，J_C と J_E の比を

$$\alpha_F = \frac{J_C}{J_E} \tag{6・7}$$

とおけば，これは電流伝達率(current transmission factor)とよばれる．したがって式(6・1)，(6・2)，(6・3)と式(6・7)から

$$\alpha_F = \alpha_E \cdot \alpha_T \tag{6・8}$$

である．電流増幅率(current amplification factor)を β_F とすれば

$$\beta_F = \frac{J_C}{J_B} \tag{6・9}$$

と表示され，式(6・6)と式(6・7)から

$$\beta_F = \frac{\alpha_F}{1 - \alpha_F} \tag{6・10}$$

となる．一般に，α_T に 0.98〜0.99，α_E は 0.99〜0.999 の値をもつから，β_F は 100 程度となる．伝導電子と正孔の流れを，模式的に示したのが図 6・4 である．

式(6・10)の β_F は直流値の電流増幅率である．これに対して，交流値の電流増幅率は，ベース電流密度の変化分に対するコレクタ電流密度の変化分の比で定義で

き，β とおくと

$$\beta = \frac{\partial J_C}{\partial J_B} \qquad (6\cdot 11)$$

で与えられる．その値も100程度である（6・3節）．したがって，バイポーラトランジスタは，電流の直流値と交流値の両方に対して，高い増幅率をもつ．

6・2　ベース域の解析

バイポーラトランジスタの特性を支配するのは，ベースに注入された少数キャリアの振る舞いであるから，前節で導入した電流増幅率などのパラメータを定量的に求めよう．

Si-npn形をとりあげ，そのモデルを図6・5に示す．トランジスタ内部を1次元で考え，図6・4と同様に，5つの領域にわける．また中性ベースの不純物分布は，均一と仮定し，面 A_I を $x=0$，面 A_O を $x=W$ にあるとする．$x=0$ の過剰伝導電子密度を $n_B'(0)$ とおくと，式 (4・14) から

$$n_B'(0) = n_{BO}\{\exp(V_{EB}/V_T) - 1\} \qquad (6\cdot 12)$$

となる．ここで $V_T = k_B T/q$，n_{BO} は熱平衡における中性ベース（p形）の伝導電子密度である．同様に $x=W$ の過剰伝導電子密度 $n_B'(W)$ は

$$n_B'(W) = n_{BO}\{\exp(V_{CB}/V_T) - 1\} \qquad (6\cdot 13)$$

である．中性ベース内の伝導電子は，拡散で移動する．電流密度 $J_N(x)$ は，式 (4・20) から，拡散係数を D_B とおいて

$$J_N(x) = qD_B \frac{dn_B'(x)}{dx} \qquad (6\cdot 14)$$

で与えられる．また伝導電子は再結合で消えるから，式 (3・62) で，定常状態を

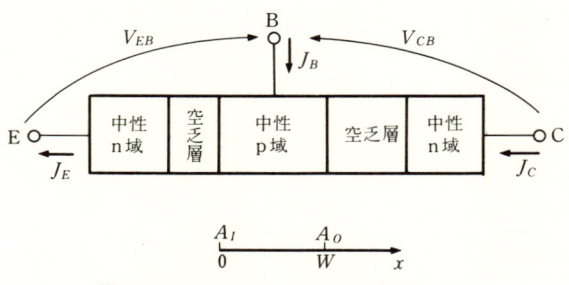

図6・5　Si-npnトランジスタの解析モデル

考えて $\partial/\partial t = 0$ とし，さらに $G = 0$ とし $\partial/\partial x$ を d/dx とおき，式 (3・58) を用いると

$$\frac{1}{q}\frac{dJ_N(x)}{dx} = \frac{n_B'(x)}{\tau_B} \tag{6・15}$$

となる．ここで τ_B は，中性ベースの伝導電子の寿命である．したがって，式 (6・14) を式 (6・15) に代入すると

$$\frac{d^2 n_B'(x)}{dx^2} = \frac{n_B'(x)}{L_B^2} \tag{6・16}$$

が得られる．L_B は中性ベース内の伝導電子の拡散の長さであり

$$L_B^2 = D_B \tau_B \tag{6・17}$$

である．式 (6・16) の一般解は

$$n_B'(x) = A\exp(x/L_B) + B\exp(-x/L_B) \tag{6・18}$$

となるから，境界条件の式 (6・12) と式 (6・13) を用いて，積分定数 A と B を求め，整理すると

$$n_B'(x) = \frac{n_B'(0)\sinh\{(W-x)/L_B\} + n_B'(W)\sinh(x/L_B)}{\sinh(W/L_B)} \tag{6・19}$$

が得られる．上式を式 (6・14) に代入すると

$$J_N(x) = \frac{-qD_B}{L_B} \frac{n_B'(0)\cosh\{(W-x)/L_B\} - n_B'(W)\cosh(x/L_B)}{\sinh(W/L_B)} \tag{6・20}$$

となる．また中性ベースにおける過剰正孔密度 $p_B'(x)$ は，電荷が中性であるから

$$p_B'(x) = n_B'(x) \tag{6・21}$$

が成立する．実際のトランジスタでは，$V_{EB} > 0$，$V_{CB} < 0$ および $|V_{CB}| \gg V_T$ であるから，式 (6・13) は

$$n_B'(W) = -n_{BO} \tag{6・22}$$

で表される．上式を式 (6・20) に代入すると

$$J_N(x) = \frac{-qD_B}{L_B} \frac{n_B'(0)\cosh\{(W-x)/L_B\} + n_{BO}\cosh(x/L_B)}{\sinh(W/L_B)} \tag{6・23}$$

となる．また $V_{EB} > 0$ を考慮し，式 (6・12) を参照すると，式 (6・23) 右辺の分子第 2 項を省略できる．すなわち

$$J_N(x) \doteqdot \frac{-qD_B n_B'(0)\cosh\{(W-x)/L_B\}}{L_B \sinh(W/L_B)} \tag{6・24}$$

である．上式右辺の負符号は，電流が $-x$ 方向に流れることを示すから，ここで

改めて，$-x$ 方向に流れる電流を正とおいて，右辺の負符号をとる．さらに $W \ll L_B$ とすれば，式 (6・24) から

$$J_N(0) = J_{BI} \fallingdotseq \frac{qD_B n_B{}'(0)}{W}\left\{1 + \frac{1}{2}\left(\frac{W}{L_B}\right)^2\right\} \quad (6・25)$$

$$J_N(W) = J_{BO} \fallingdotseq \frac{qD_B n_B{}'(0)}{W} \quad (6・26)$$

が得られる．伝導電子流が，ベースで再結合して減少する分は，式 (6・4) で与えられるから，式 (6・25) と式 (6・26) を用いると

$$J_{BI} - J_{BO} = J_{BB} = \frac{qn_B{}'(0)W}{2\tau_B} \quad (6・27)$$

である．ベース損失率 (base loss factor) δ を

$$\delta = \frac{J_{BI} - J_{BO}}{J_{BO}} \quad (6・28)$$

で定義し，式 (6・26) と式 (6・27) を用いると

$$\delta \fallingdotseq \frac{\tau}{\tau_B} \quad (6・29)$$

となる．ここで τ は，伝導電子がベースを通過する時間であり，ベース走行時間 (base transit time) とよび

$$\tau \fallingdotseq \frac{W^2}{2D_B} \quad (6・30)$$

で与えられる．ベース効率 α_T は，式 (6・2) と式 (6・28) から

$$\alpha_T = \frac{1}{1+\delta} \quad (6・31)$$

となる．ベース・コレクタ間の逆方向飽和電流を省略すると，式 (6・12) と式 (6・26) を式 (6・3) に代入して

$$J_C = \frac{qD_B n_{BO}}{W}\left\{\exp\left(\frac{V_{EB}}{V_T}\right) - 1\right\} \quad (6・32)$$

である．また J_{BB} は，式 (6・3), (6・4) と式 (6・28) から

$$J_{BB} = \delta J_C \quad (6・33)$$

と表される．さらに，ベースからエミッタへはいる少量の正孔電流 J_{BE} は，式 (4・26) において，p_{NO}, D_P, L_P と V を，それぞれ p_{EO}, D_E, L_E および V_{EB} におき換え，式 (3・22) と式 (3・34) を参照して

$$J_{BE} = \frac{qD_E p_{EO}}{L_E}\left\{\exp\left(\frac{V_{EB}}{V_T}\right) - 1\right\} \fallingdotseq J_C \Delta \quad (6・34)$$

となる．Δ (δ の大文字) は (N_B と N_E は表 6・2 参照)

$$\varDelta = \frac{D_E W N_B}{D_B L_E N_E} \tag{6・35}$$

であり，p_{EO} はエミッタの熱平衡状態の正孔密度である．したがって，式 (6・5)，(6・33) と式 (6・34) から

$$J_B \fallingdotseq (\delta + \varDelta) J_C \tag{6・36}$$

となり，式 (6・6) と式 (6・36) を用いると

$$J_E \fallingdotseq (1 + \delta + \varDelta) J_C \tag{6・37}$$

が得られる．α_E と α_F は

$$\alpha_E \fallingdotseq \frac{1}{1 + \varDelta} \tag{6・38}$$

$$\alpha_F \fallingdotseq \frac{1}{1 + \delta + \varDelta} \tag{6・39}$$

で与えられ，電流増幅率 β_F は，式 (6・10) と式 (6・39) から

$$\beta_F = \frac{1}{\delta + \varDelta} \tag{6・40}$$

となる．

　表 6・2 の Si-npn トランジスタについて，各係数を求めると，$\varDelta = 2 \times 10^{-4}$，$\delta = 10^{-2}$，$\alpha_T = 0.99$，$\alpha_E = 0.9998$，$\alpha_F = 0.9899$ と $\beta_F = 98$ となる．したがって $V_{EB} = 0.6\,\mathrm{V}$ の場合，$I_C = 1.9\,\mathrm{mA}$，$I_B = 1.9 \times 10^{-2}\,\mathrm{mA}$ および $I_E = 1.92\,\mathrm{mA}$ である．図 6・6 に，トランジスタ内部の少数キャリア分布を模式的に示した．同図の p_{co} は，コレクタの熱平衡状態における正孔密度である．中性エミッタと中性コレクタ内の分布は，4 章で求めた pn 接合において，それぞれ順バイアスおよび逆バイアスの場合の，中性 n 域内の少数キャリア分布に対応している．また多数キャリアの分布は，式 (6・21) から，同様に求められる（ここで電流 = 電流密度 × 接合面積である）．ベース走行時間の観点から，電流増幅率 β_F を考察しよう．式

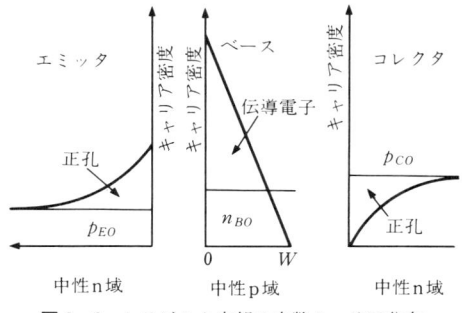

図 6・6　トランジスタ内部の少数キャリア分布

(6・40) において，$\delta \gg \varDelta$ であるから，式 (6・29)，(6・30) と式 (6・17) を考慮すると，β_F を大きくするには，電子の寿命 τ_B を大きくし，ベース走行時間 τ を小さくするとよい．すなわち拡散の長さ L_B を長くし，中性ベースの幅 W を短くする必要がある．

6・3 静 特 性

これまでの説明は，エミッタ・ベース間を入力端子，ベース・コレクタ間を出力端子としていたが，トランジスタの3つの電極のうち，どの端子を入力にして，どの端子を出力とするかは，全く任意である．トランジスタは3端子デバイスであるから，信号の増幅などに用いる場合，任意の1つの端子を共通の (common) 端子として，使用しなければならない．どの端子を共通にするかによって，つぎの3つの基本的な接続が考えられる．物理的にも理解しやすいベース接地 (common base) と，実際によく使用されるエミッタ接地 (common emitter) を図6・7 (a) と (b) に示した．また同図 (c) はコレクタ接地 (common collector) である．これらの図で，電圧を示す矢印は，その先端が正電位を示すものとする．ここで接地というのは，入出力の共通端子あるいは共通回路をいう．後述のバイポーラトランジスタの等価回路では，交流の信号分のみを考えるとよいから，直流電源を短絡し接地されていると考える．

ベース接地 npn トランジスタの静特性の一例を，図6・8に与えた．同図 (a) は，V_{CB} を一定とした場合，I_E と V_{EB} との関係を示す．わずかな V_{EB} の変化に対して，エミッタ電流 I_E が急激に増加するので，入力抵抗は低く，V_{CB} の影響はあまりない．この特性は，入力特性あるいはエミッタ特性とよばれる．同図 (b) は，

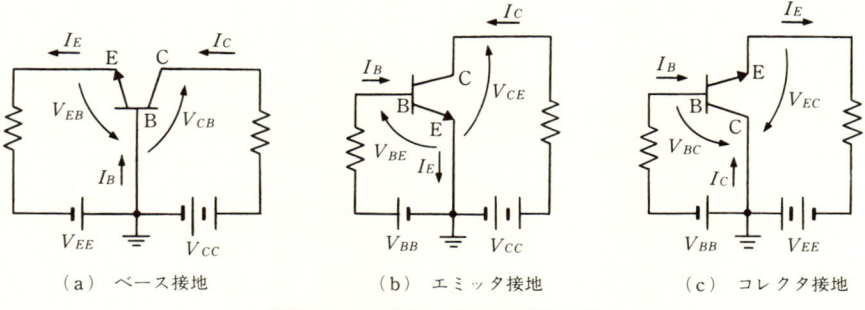

(a) ベース接地　　　　（b) エミッタ接地　　　　（c) コレクタ接地

図6・7　npn トランジスタの接地方式

(a) 入力特性 (b) 出力特性

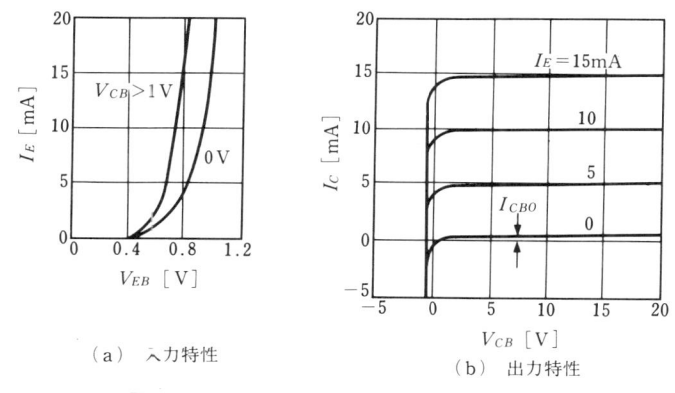

図 6・8 ベース接地 npn トランジスタの静特性例

I_E をパラメータとして，I_C と V_{CB} との関係を与える．これは，出力特性またはコレクタ特性とよび，V_{CB} の変化に対して，コレクタ電流 I_C はあまり変化しないから，出力抵抗が大きくなる．したがって，ベース接地回路は，大きい負荷を接続でき，電圧利得と電力利得は高い．電流利得はない．また出力特性における I_{CBO} は，ベース接地のコレクタ遮断電流 (collector cut-off current) とよばれ，$I_E = 0$ の場合，コレクタ接合(逆バイアス)の逆方向飽和電流に相当する．前述の式 (6・3) では，この電流を省略した．

I_C と I_E との間には，電流伝達率の式 (6・7) に I_{CBO} を考慮すると

$$I_C = \alpha_F I_E + I_{CBO} \tag{6・41}$$

となる．したがって α_F は

$$\alpha_F = \frac{I_C - I_{CBO}}{I_E - 0}$$

と書けるから，ベース接地の直流電流増幅率ともよばれる．コレクタとエミッタにおける微小変化電流を，それぞれ i_c と i_e とおくと

$$i_c = \alpha i_e + I_{CBO} \tag{6・42}$$

である．ここで α は，微小電流の振幅 ΔI_C と ΔI_E を用いると，V_{CB} が一定の場合，

$$\alpha = \lim_{\Delta I_E \to 0} \frac{\Delta I_C}{\Delta I_E}\bigg|_{V_{CB}=\text{一定}} = \frac{\partial I_C}{\partial I_E}\bigg|_{V_{CB}=\text{一定}} \tag{6・43}$$

で定義され，ベース接地における小信号電流増幅率という．α の値は α_F のそれにほぼ等しいが，厳密には多少異なる．

図 6・9 に，エミッタ接地 npn トランジスタの静特性の一例を示した．同図 (a) は，入力特性 (ベース特性ともいう) であり，V_{CE} が一定の場合，I_B と V_{BE} との関

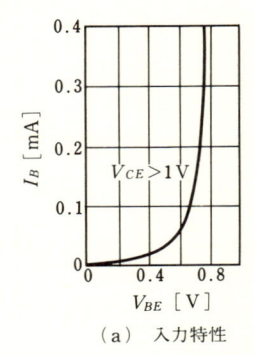

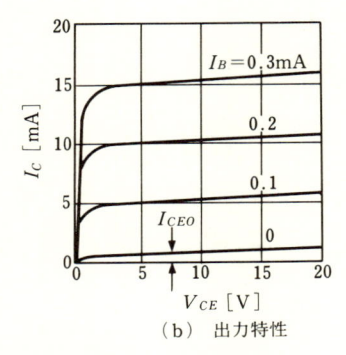

図6・9 エミッタ接地 npn トランジスタの静特性例
(a) 入力特性
(b) 出力特性

係を示し，入力抵抗が小さい．同図(b)は，出力特性(コレクタ特性ともよばれる)であり，I_B をパラメータとして，I_C と V_{CE} との関係を与え，出力抵抗が大きい．したがって，エミッタ接地回路は，電流利得，電圧利得および電力利得がともに高い．また出力特性の I_{CEO} は，エミッタ接地のコレクタ遮断電流であり，$I_B = 0$ すなわちベース回路を開放した場合の I_C の値であり，I_{CBO} との関係は

$$I_{CEO} = \frac{I_{CBO}}{1-\alpha_F} \fallingdotseq \beta_F I_{CBO} \tag{6・44}$$

で与えられる．

3つの電流 I_C，I_B と I_E の関係は，式(6・6)と式(6・41)から

$$I_C = \frac{\alpha_F}{1-\alpha_F} I_B + \frac{I_{CBO}}{1-\alpha_F} \tag{6・45}$$

である．式(6・10)と式(6・44)を上式に代入すると

$$I_C = \beta_F I_B + I_{CEO} \tag{6・46}$$

となる．すなわち前述の β_F は，エミッタ接地の直流電流増幅率である．さらにコレクタとベースにおける微小変化電流を，それぞれ i_C と i_B とおくと，式(6・11)の β を用いて

$$i_C = \beta i_B + I_{CEO} \tag{6・47}$$

である．V_{CE} が一定の場合，微小振幅 ΔI_C と ΔI_B を用いると

$$\beta = \lim_{\Delta I_B \to 0} \frac{\Delta I_C}{\Delta I_B}\bigg|_{V_{CE}=\text{一定}} = \frac{\partial I_C}{\partial I_B}\bigg|_{V_{CE}=\text{一定}} \tag{6・48}$$

となるから，β はまたエミッタ接地における小信号電流増幅率とよばれ，その値も β_F にほぼ等しいが，厳密には異なる．

図6・7(c)に与えたコレクタ接地は，エミッタフォロワ (emitter follower) と

6・3 静　特　性　　87

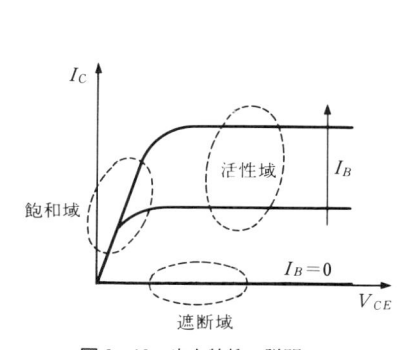

図6・10　出力特性の説明
（エミッタ接地 npn）

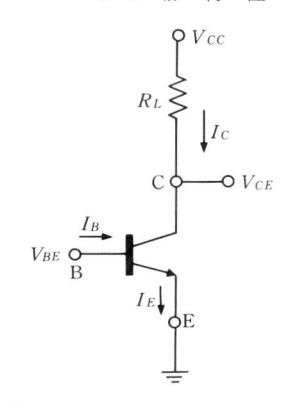

図6・11　トランジスタの動作説明
（エミッタ接地）

もよばれ，エミッタ電圧がベース電圧にしたがって変化する．したがって入力抵抗を高く，出力抵抗を低くできる．また電流利得は大きいが，電圧利得はない．

　出力特性を模式的にまとめると図6・10で示される．$I_B = 0$ のとき $I_C ≒ 0$ となり，OFF の状態であるから，この範囲は遮断域 (cut-off region) とよばれる．$I_B > 0$ では I_C が大きい値となり ON の状態となる．とくに I_C が V_{CE} によらず，ほぼ平坦な特性を示す部分は活性域 (active region) という．また V_{CE} が V_{BE} より小さくなると，コレクタ接合は順バイアスとなる．したがって正孔がコレクタ域に注入され，ベース域の電子密度が著しく多くなる．この領域を飽和域 (saturation region) とよぶ．これらの特性から，トランジスタがスイッチ作用および増幅作用をもつことが説明できる．たとえば図6・11のように，負荷抵抗 R_L をもつエミッタ接地回路について考察しよう．入力電圧が 0 の場合，遮断域になるから $I_C ≒ 0$ であり，R_L の電圧降下がなく出力電圧は V_{CC} となる．入力が高い正電圧になると活性域にはいり，大きい I_C のため R_L の電圧降下が増加し，ついにはコレクタ電位がベース電位より低くなり飽和域に移る．しかし，コレクタからエミッタへ正味の電流が流れ，3つの端子が短絡されて出力電圧は 0 となる．すなわち，このスイッチ作用は正の入力電圧に対して出力が 0，0 の入力電圧には正の出力電圧が得られるので，インバータ (inverter) とよばれる．つぎに増幅作用を同図で説明しよう．活性域では，I_C がほぼ $β_F I_B$ に等しい．$β_F$ は 100 程度であるから，電流が増幅されることとなる．さらに $I_C{}^2 R_L ≒ β_F{}^2 I_B{}^2 R_L$ の電力が負荷 R_L に与えられる．ベースに供給される電力は，I_B と入力特性の立上り電圧との積で示される．図6・9(a) より，立上がり電圧は 0.6 V 程度であるから，トランジスタは電力増幅作用

をもつこととなる．

[例題6・1] $W = 10^{-6}$ m と $D_B = 5 \times 10^{-3}$ m²/s の Si-npn トランジスタのベース走行時間 τ を求めよ．

[解] 式 (6・30) に代入すると
$$\tau \simeq \frac{W}{2D_B} = \frac{10^{-12}}{2 \times 5 \times 10^{-3}} = 0.1 \text{ ns}$$

[例題6・2] Si-npn トランジスタで，式 (6・35) の $\varDelta$ を求めよ．パラメータの値は表6・2の値を用いる．

[解] 必要なパラメータは同表より，$D_E = 10^{-3}$ m²/s, $D_B = 5 \times 10^{-3}$ m²/s, $W = 1$ μm, $N_B = 10^{23}$ m⁻³, $N_E = 10^{26}$ m⁻³ である．L_E は式 (6・17) のように計算して，
$$L_E{}^2 = D_E \tau_E = 10^{-3} \times 1 \times 10^{-9} = 10^{-12} \quad \therefore \quad L_E = 10^{-6}$$
$$\therefore \quad \varDelta = \frac{D_E W N_B}{D_B L_E N_E} = \frac{10^{-3} \times 10^{-6} \times 10^{23}}{5 \times 10^{-3} \times 10^{-6} \times 10^{26}} = \frac{10^{14}}{5 \times 10^{17}} = 2 \times 10^{-4}$$

演 習 問 題

1．図6・7(b)のような，エミッタ接地 Si-npn トランジスタにおいて，$V_{BB} = 5$ V, $V_{CC} = 12$ V, ベース回路の抵抗 $R_B = 100$ kΩ, $I_{CBO} = 30$ nA および $\beta_F = 100$ の場合，I_B と I_C を求めよ．ただし $V_{BE} = 0.7$ V とする．

2．下記を説明せよ．
　プレーナ形，ディスクリート　トランジスタ，コレクタ遮断電流，エミッタフォロア，エミッタ接地 npn トランジスタ出力特性の遮断域・活性域・飽和域．

7章 ユニポーラトランジスタ

7・1 電界効果トランジスタ

　ドリフトする多数キャリアを直接制御する電界効果トランジスタ (field effect transistor, FET) は，ユニポーラトランジスタであり，その基本的構成を図7・1に示す．オーム接触の金属電極が，SiやGaAsなどの両端にあり，キャリアを放出する電極をソース (source)，それを吸収する電極をドレイン (drain) という．キャリアはソースからドレインに向かい，ゲート (gate) とよばれる電極で制御される．ゲートがpn接合で構成される場合，接合形FET (junction FET, JFET) といい，金属・半導体のショットキー接触で形成されると，ショットキー障壁形FET (Schottky barrier FET, SB FET) あるいは MES FET (metal semiconductor FET) とよぶ．さらに金属・絶縁体・半導体接触のゲートをもつトランジスタは，MIS FET (metal-insulator-semiconductor FET) とよばれる．とくに絶縁体が特性のすぐれた酸化物の場合，MOS FET (metal-oxide-semiconductor FET) という．
　つぎにゲート電極に接する半導体の部分を，キャリアがソースからドレインに流

図7・1　FETの基本的構成

表7・1　トランジスタの種類

トランジスタ ─┬─ バイポーラ形
　　　　　　　└─ ユニポーラ形 ─┬─ JFET
　　　　　　　　　　　　　　　　├─ MES FET
　　　　　　　　　　　　　　　　└─ MOS FET

れる場合，その通路をチャネル(channel)といい，キャリアが電子のときnチャネル，正孔の場合pチャネルとよぶ．FETの分類を表7・1に示した．

7・2 JFET

(1) 動 作 原 理

Siを用いたJFETを模式的に図7・2に示す．不純物密度が多いp^+形によって，p^+n接合のゲートがつくられている．ソースに対して，ドレインは正電位V_{DS}にあり，ゲートは$V_{GS}(<0)$である．したがって，ソースからドレインに電子が流れ，nチャネルを構成する．ゲートは逆バイアスされているから，p^+域内の空乏層幅は小さく，n域内のその幅は大きい．逆バイアスを深くすると，n域の上と下から空乏層が広がり，チャネルが狭くなる．すなわち$|V_{GS}|$を大きくすると，チャネルの抵抗が増し，ドレイン電流I_Dが減少する．またI_Dによるチャネルの電圧降下のため，ゲートに加わる逆方向電圧は，ドレイン側がソース側より大きく，空乏層の広がりも図7・2のようになる．

プレーナ形Si-FETの構造例を図7・3に示す．p形基板上のn層がチャネル域

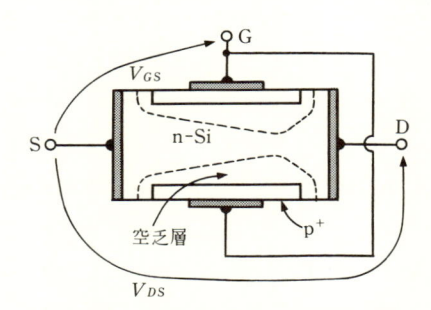

図7・2 nチャネル Si-JFET の模式図

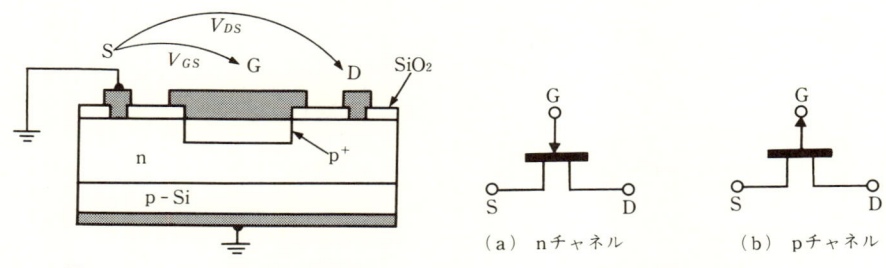

図7・3 プレーナ形 JFET の模式図
(矢印は pn 接合の p から n への向きを示す)

(a) nチャネル (b) pチャネル

図7・4 JFET の記号

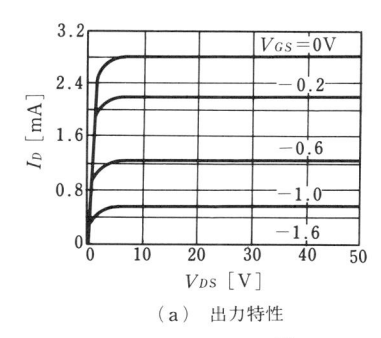

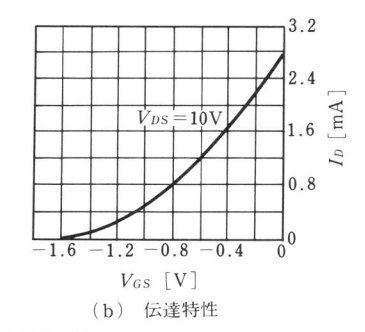

図7・5 JFETの静特性の例
(a) 出力特性
(b) 伝達特性

であり,その一部分にp^+n接合をつくり,ゲートとしている.JFETの記号は,図7・4で与えられる.同図の矢印は,pn接合のp域からn域への向きを示す.また7・3節に述べるMES FETも同じ記号を用いる.

JFETにおける静特性の一例を図7・5に示した.同図(a)は,V_{DS}とI_Dの関係を与える出力特性であり,V_{GS}をパラメータとしている.ここでI_Dはドレインからデバイス内部にはいるのを正とした.低いV_{DS}では,I_Dは直線的に増加する.高いV_{DS}では,p^+n接合に加わる逆バイアスが増して空乏層が広がり,チャネル幅が狭くなる.ドレイン付近の抵抗が増加して,I_DがV_{DS}に比例しない.さらにV_{DS}を増加すると,ドレイン付近の空乏層がチャネル域全体に広がり,通過する電子数がきめられてしまい,I_Dが一定となり飽和しはじめる.これをピンチオフ(pinch off)の状態といい,このときのV_{DS}をピンチオフ電圧(pinch-off voltage)とよぶ.この状態でも,空乏層内に電界が存在するので,ソースからピンチオフ点(図7・25)に到達した電子は,加速されてドレインに流れこむ.V_{DS}がピンチオフ電圧より増加しても,ピンチオフ点がソース側に移り,電圧増加分はドレイン付近の空乏層に加わるのみであり,通過する電子数を増加しないから,I_Dは飽和値を保つ.さらにV_{DS}が高くなると,降伏を起こし,電流が急激に増加する(同図には示していない).

図7・5(b)は,V_{GS}とI_Dの関係を示す伝達特性(transfer characteristic)であり,V_{DS}が$V_{GS}=0$に対するピンチオフ電圧より高い値をもつ場合である.$V_{GS}=0$でI_Dが流れており,$|V_{GS}|$が大きくなると,I_Dが減少し,ある$|V_{GS}|$の値でI_Dが0となる.すなわち$|V_{GS}|$が大きい場合,$V_{DS}=0$でもチャネル域は完全に空乏層となり,V_{DS}を加えてもI_Dは流れない.この状態をターンオフ(turn off)ともいう.

一般にゲート電圧 $V_{GS} = 0$ で，チャネルが形成されないとき，エンハンスメント形 (enhancement type, E-type) という．n チャネルの場合，V_{GS} がある値より高い正の電圧で，I_D が流れて ON となる．すなわち $V_{GS} = 0$ は，OFF の状態であるから，ノーマリオフ形 (normally-off type) ともいう．これに対して，$V_{GS} = 0$ でチャネルが構成される場合を，デプレッション形 (depletion type, D type) とよぶ．図 7・5(b) はこの例である．それでチャネルの場合，V_{GS} にある値より小さい負の電圧を与えないと，OFF の状態とならない．つまり $V_{GS} = 0$ は ON の状態であるから，ノーマリオン形 (normally-on type) ともよばれる．

また逆バイアスされているゲートには，電流が流れない．したがって FET は電圧制御形のデバイスであり (前章のバイポーラ形は電流制御形)，入力電圧の変化に対して，出力電流の応答を示す相互コンダクタンス (mutual conductance) で増幅特性を表すことができる．

(2) 静特性の解析

JFET の n チャネルを，模式的に図 7・6 のようにおき，その静特性を考察しよう．チャネル域の z 方向の長さを L，y 方向の幅を W，x 方向の厚さを a とする．p^+ 域のアクセプタ密度 N_A は，n 域のドナー密度 N_D にくらべて高いとすれば，p^+n 接合の空乏層は n 側にのみ広がる．それで位置 z の x 方向の空乏層幅 $D(z)$ は，式 (4・44) を参照すると

$$D(z) = \sqrt{\frac{2\varepsilon\varepsilon_0}{qN_D}\{\phi_0 + V(z) - V_{GS}\}} \qquad (7 \cdot 1)$$

で与えられる．ここで $V(z)$ はチャネルの z における電位，ϕ_0 は拡散電位，q は電子電荷の大きさ，V_{GS} はゲートの電圧であり，p^+n 接合が順バイアスのとき正と

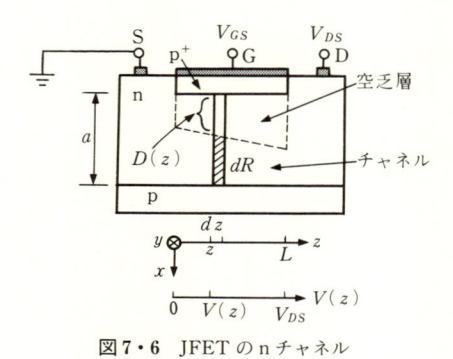

図 7・6 JFET の n チャネル

する．つぎに z の微小長さ dz のチャネルの抵抗を dR とすれば，移動度を μ として，図7・6から

$$dR = \frac{dz}{\mu q N_D W \{a - D(z)\}} \qquad (7 \cdot 2)$$

となる．ドレイン電流 I_D は z によらず一定値であるから，dz 部分の電圧 dV は

$$dV = I_D dR \qquad (7 \cdot 3)$$

である．上式に式 $(7 \cdot 2)$ を代入すると

$$I_D dz = \mu q N_D W \{a - D(z)\} dV \qquad (7 \cdot 4)$$

となる．つぎに $z = 0$ で $V = 0$ と $z = L$ で $V = V_{DS}$ を用いて積分すると

$$\int_0^L I_D dz = \mu q N_D W \int_0^{V_{DS}} \{a - D(z)\} dV \qquad (7 \cdot 5)$$

である．式 $(7 \cdot 1)$ を上式に代入して計算すると

$$I_D = g_0 \left[V_{DS} - \frac{2}{3\sqrt{V_A}} \{(V_{DS} + \phi_0 - V_{GS})^{3/2} - (\phi_0 - V_{GS})^{3/2}\} \right] \qquad (7 \cdot 6)$$

が得られる．ここで

$$g_0 = \frac{\mu a q N_D W}{L} \qquad (7 \cdot 7)$$

$$V_A = \frac{a^2 q N_D}{2\varepsilon\varepsilon_0} \qquad (7 \cdot 8)$$

である．すなわち g_0 は空乏層が広がっていない場合の，チャネル域のコンダクタンスであり，V_A は空乏層幅が a の p$^+$n 接合における電位差に相当する．したがってノーマリオン形では $\phi_0 < V_A$ であり，ノーマリオフ形では $\phi_0 > V_A$ となる．V_{DS} がかなり小さく

$$V_{DS} \ll \phi_0 - V_{GS} \qquad (7 \cdot 9)$$

の場合，上式を式 $(7 \cdot 6)$ に代入すると

$$I_D = g_0 V_{DS} \left(1 - \sqrt{\frac{\phi_0 - V_{GS}}{V_A}} \right) \qquad (7 \cdot 10)$$

となる．すなわち I_D が V_{DS} に比例するから，この範囲を線形域とよぶ．つぎに V_{DS} が大きくなると

$$V_{DS} = V_{GS} - \phi_0 + V_A \qquad (7 \cdot 11)$$

のとき I_D が最大となり，その値は

$$(I_D)_{MAX} = \frac{1}{3} g_0 V_A \left\{ 1 - 3\left(1 - \frac{V_{DS}}{V_A}\right) + 2\left(1 - \frac{V_{DS}}{V_A}\right)^{3/2} \right\} \qquad (7 \cdot 12)$$

である．また式 $(7 \cdot 1)$ で $z = L$ とした $V(L)$ に，式 $(7 \cdot 11)$ を代入し式 $(7 \cdot 8)$

を用いると

$$D(L) = a \tag{7・13}$$

が得られ，ドレイン側の空乏層が，チャネル全体に広がることを示す．したがってピンチオフ電圧を V_P とし，式 $(7・11)$ の V_{DS} をあらためて V_P とおき，さらにその場合の I_D を I_{DSA} とすれば，式 $(7・6)$ から

$$I_{DSA} = \frac{1}{3} g_0 V_A \left\{ 1 - 3\left(\frac{\phi_0 - V_{GS}}{V_A}\right) + 2\left(\frac{\phi_0 - V_{GS}}{V_A}\right)^{3/2} \right\} \tag{7・14}$$

となる．この I_{DSA} はピンチオフ後の飽和電流である．I_D と V_{DS} の関係を模式的に示すと，各領域は図7・7となる．また $V_A = 1.6\,\text{V}$，$\phi_0 \fallingdotseq 0$ と $g_0 = 5.2\,\text{mS}$ の場合，静特性を求めると図7・8(a)と(b)になる．

相互コンダクタンス g_m は

$$g_m = \left.\frac{\partial I_D}{\partial V_{GS}}\right|_{V_{DS}=一定} \tag{7・15}$$

で定義される．式 $(7・6)$ を上式に代入して求めると，非飽和域では

$$g_m = g_0 \left(\sqrt{\frac{V_{DS} + \phi_0 - V_{GS}}{V_A}} - \sqrt{\frac{\phi_0 - V_{GS}}{V_A}} \right) \tag{7・16}$$

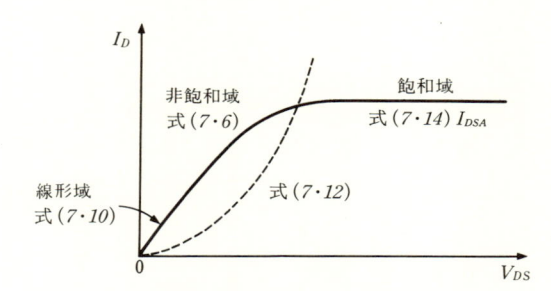

図7・7 I_D と V_{DS} との関係

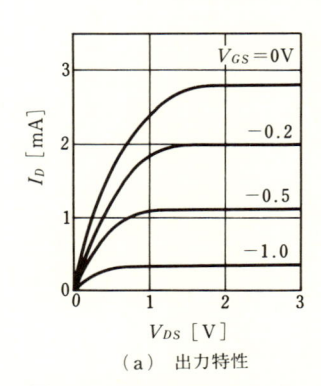

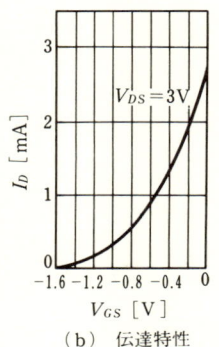

図7・8 静特性の計算例（$V_A = 1.6\,\text{V}$，$\phi_0 \fallingdotseq 0$，$g_0 = 5.2\,\text{mS}$）
（a）出力特性　（b）伝達特性

となり，飽和域の g_m は式 (7・14) を用いて計算すると

$$g_m = g_0\left(1 - \sqrt{\frac{\phi_0 - V_{GS}}{V_A}}\right) \tag{7・17}$$

である．それで飽和域の g_m は $V_{GS}=0$ のとき最大となり，ゲートの逆バイアスを深くすると小さくなる．また g_m の大きいデバイスとするには，上式と式 (7・7) から，チャネル幅 W を大きく，長さ L を小さくするとともに，μ の大きい材料を用い，さらに N_D を高くすればよい．図 7・9 にまた $V_A=1.6\,\mathrm{V}$, $\phi_0 \fallingdotseq 0$ および $g_0 = 5.2\,\mathrm{mS}$ における g_m の計算例を示す．

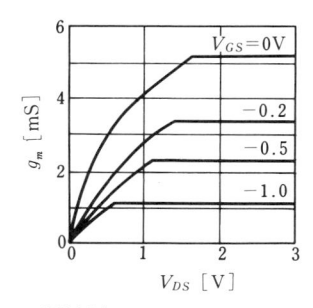

図 7・9 g_m の計算例（$V_A=1.6\,\mathrm{V}$, $\phi_0 \fallingdotseq 0$, $g_0 = 5.2\,\mathrm{mS}$）

7・3 MES FET

ゲートがショットキー接触で構成された MES FET の例を，模式的に図 7・10 に示す．前節の JFET は，n チャネル域として，p-Si 上に形成された薄い n 形層を用いた．しかし MES 形は，GaAs の電子移動度が大きく，またドリフト速度の飽和値も高いので，高速演算用および高周波増幅用としての特性が期待できるためである．

基板は高抵抗率の半絶縁性 GaAs 結晶を用い，薄い n チャネル域は Si などのイオン打ち込みでつくられる．ソースとドレインはオーム接触であるが，ゲートは前述したように，ショットキー接触である．したがって，その空乏層幅は式 (4・57)

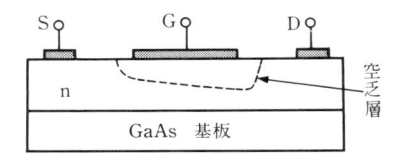

図 7・10 n チャネル GaAs MES FET の模式図

で与えられるから，JFETと同様に，加えた電圧の平方根に比例する．それでゲート電圧により，その電極の下の空乏層幅を変え，実効的にチャネル厚さを変化してドレイン電流を制御する．つまり動作原理は，前節のJFETと全く同じである．したがって，静特性の非飽和域では式(7・6)が，飽和域では式(7・14)が成立する．

たとえば $V_{DS}=0$ でチャネル域が完全に空乏層となる V_{GS} を求めよう．位置 z における式(7・1)で $V(z)=0$ とおくと

$$D(z) = \sqrt{\frac{2\varepsilon\varepsilon_0(\phi_0 - V_{GS})}{qN_D}} \qquad (7 \cdot 18)$$

であるから，この値がチャネル域の厚さ a より大きければ，ターンオフの状態となる．したがって

$$V_{GS} < \phi_0 - \frac{a^2 q N_D}{2\varepsilon\varepsilon_0} \qquad (7 \cdot 19)$$

となる．上式の右辺は，式(7・8)の V_A を用いると，$\phi_0 - V_A = V_{TU}$ となり，ターンオフ電圧 V_{TU} を与える．式(7・11)を用いると，ピンチオフ電圧 V_P は，$V_P = V_{GS} - V_{TU}$ で表される．さらにノーマリオフとなるには，$V_{GS}=0$ でチャネルの形成されないことが必要であるから，式(7・19)で V_{GS} を0とおくと

$$a < \sqrt{\frac{2\varepsilon\varepsilon_0 \phi_0}{qN_D}} \qquad (7 \cdot 20)$$

が得られる．図7・11に，n-GaAsを用いたMES FETの出力特性を示す．

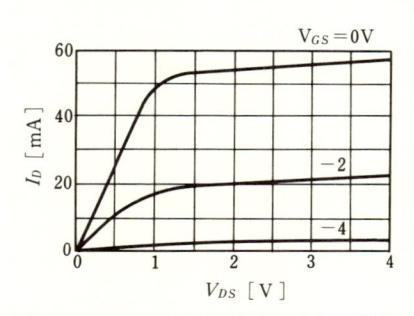

図7・11　n-GaAs MES FETの出力特性

7・4　MOS FET

（1）　MOS 構造

酸化膜 SiO_2（厚さ100 nm程度）を，金属と半導体ではさむMOS構造を図7・12

7・4 MOS FET　**97**

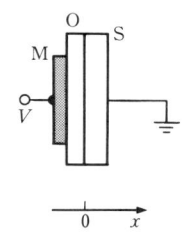

図7・12 MOS構造（半導体Sはp形）

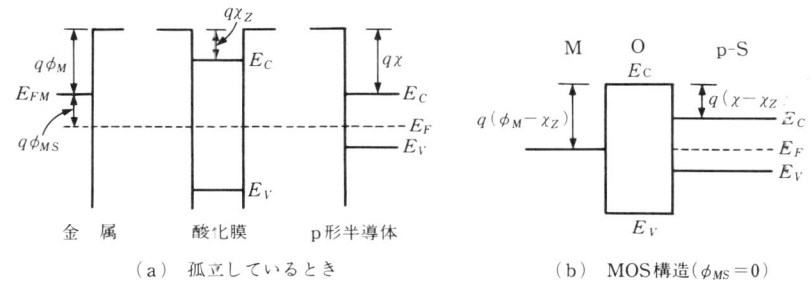

(a) 孤立しているとき　　(b) MOS構造（$\phi_{MS}=0$）

図7・13 金属・酸化膜・p形半導体のエネルギー帯図

に示す．これはまたMOSキャパシタあるいはMOSダイオードともよばれる．いま半導体の基板をp形とすれば，それぞれ独立している場合のエネルギー帯図を，図7・13(a)のようにおく，酸化膜と半導体の電子親和力 χ_z と χ，また金属の仕事関数 ϕ_M は，それぞれの材質できめられる．簡単のために，金属のフェルミ準位 E_{FM} とp域のフェルミ準位との差 $q\phi_{MS}$ が 0 であるとする．したがって，MOS構造の熱平衡におけるエネルギー帯図は，図7・13(b)となる．p域伝導帯の底 E_C と，酸化膜のそれとの差 $q(\chi-\chi_z)$，E_{FM} と酸化膜伝導帯の底 E_C との差 $q(\phi_M-\chi_z)$ もまた，それぞれの媒質できまる．

つぎに電圧 $V(<0)$ を金属に加え基板を接地すると，E_{FM} が基板の E_F に対して $q|V|$ だけ高くなる．酸化膜は直流電流を通さないから E_F は一定である．また金属にはいる電気力線は，酸化膜を通り基板からでてくる．したがって，正孔が基板表面に集まり，その付近で電荷の中性条件が満たされず，図7・14(a)のように，エネルギー帯が上方に曲がる．すなわち熱平衡より多くなった正孔，つまり過剰正孔は，V の静電誘導で発生したものであり，この現象を蓄積(accumulation)という．

小さい正の V を与えると，図7・14(b)のように，E_{FM} がさがり，p域のエネルギー帯が下方に曲がる．正孔は静電誘導で消え，アクセプタイオン（負電荷）が

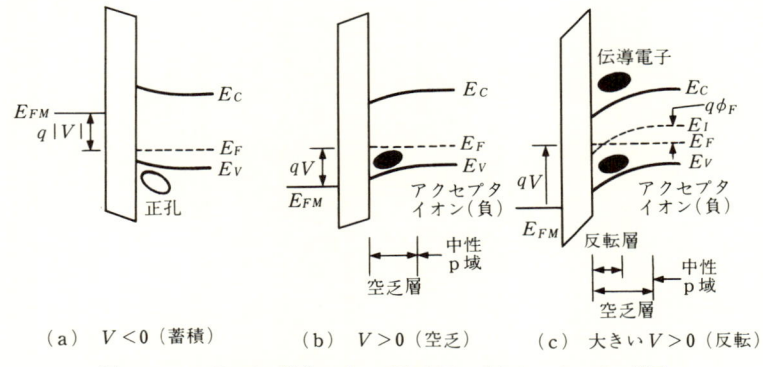

図7・14 p形MOS構造のゲート電圧 V の変化とエネルギー帯図

残り，空乏層ができる．この現象は空乏(depletion)とよばれる．さらに正の電圧を高くすると，基板表面における電位の変化が，図7・14(c)のように急激となる．したがって，その電界のため，伝導電子密度が正孔密度より多くなり，p形の表面付近がn形と同じようになる．この現象を反転(inversion)という．このように伝導電子が多い層は，反転層(inversion layer)とよばれ，その厚さは10 nm程度である．

電気力線のようすを模式的に示すと，図7・15となる．蓄積の場合($V<0$)，金属の酸化膜側表面に，電子がデルタ関数(delta function)的に分布する．p域表面の正孔密度が低いため，同図(a)のように，電気力線はp域内部にもはいり，基板表面付近のエネルギー帯は前述のように曲げられる．空乏の場合($V>0$)，同図(b)のように，金属表面の正電荷と空乏層のアクセプタイオンが，電気力線で結ばれる．さらに $V \gg 0$ で反転すると，図7・15(c)に描いたように，金属の正電荷からでた電気力線は，p形基板の表面に現れた自由電子とアクセプタイオン

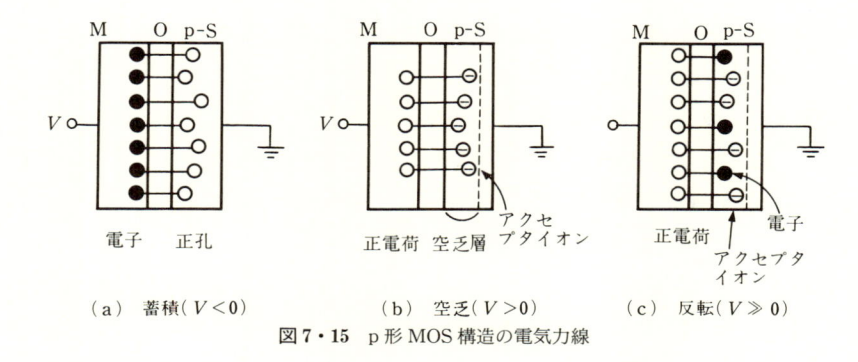

図7・15 p形MOS構造の電気力線

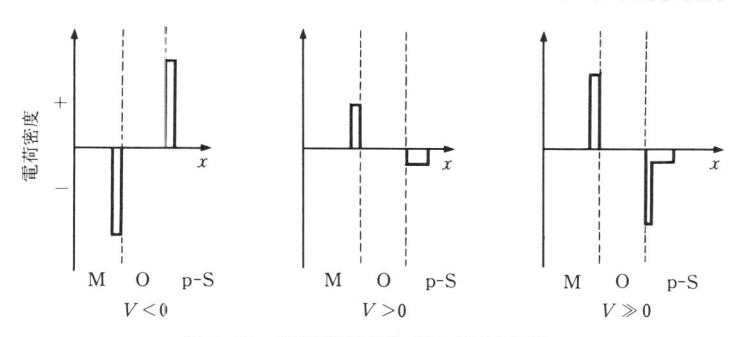

図7・16 表面電荷密度と V の模式的関係

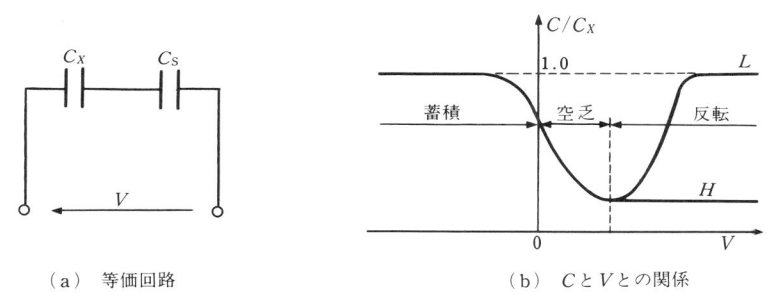

図7・17 MOS容量の特性
（a）等価回路　　（b）CとVとの関係

の両方にはいる．これらの自由電子は，価電子帯から熱励起により供給されるため，反転層の形成には，ms程度の時間が必要である．図7・16は表面の電荷密度のようすを模式的に示す．同図の x 軸は表面に直角な方向である．

　反転層ができると，p形の電位はほぼ一定となり，正電位の増加分はほとんど酸化膜に加わる．すなわちMOS構造に与えられた電圧は，酸化膜とp形基板表面付近とにわけられる．これを等価回路で示すと，図7・17(a)となる．C_x は酸化膜の容量および C_s はp域の空乏層容量である．それで全容量 C はMOS容量あるいはMOSキャパシタンスともよばれ

$$\frac{1}{C} = \frac{1}{C_x} + \frac{1}{C_s} \tag{7・21}$$

である．酸化膜の厚さを d および比誘電率を ε_x とおくと，$C_x = \varepsilon_x \varepsilon_0 / d$ が成立する．また C_s は式(4・46)のように，電圧 V で変化する．したがって熱平衡の場合，C と V の定性的関係は，一般に図7・17(b)で示される．

　蓄積の場合($V < 0$)，p域の界面に多数キャリア(正孔)が誘起するので，式(7・21)の C_s は無限大に相当し，MOS容量 C は V に依存せず，C_x に等しくな

る．$V > 0$ になると，p域の空乏層が広くなり，図7・17(b)の空乏と示した範囲のように C が減少する．つぎにキャリア数変化の時定数は，前述のように，数ms程度である．したがって，V を正にゆっくり高くすると，電子が空乏層内で発生し，反転層を形成する時間的な余裕がある．すなわち少数キャリア(電子)によって反転層ができ，空乏層幅の増加がとまる．それで C は，同図(b)の曲線 L のように，ほぼ C_X の値となる．これに対して，かなり短い時間で V を正の高い値にすると，電子が空乏層内で発生する時間的余裕がないから，反転層が十分に生成されない．したがって金属に誘起した正電荷と，等量の負電荷をp域に生じるように，空乏層幅が増加する．その結果MOS容量 C は，同図(b)の曲線 H のように，低くなる．

(2) 反転層の特性

p形基板表面における反転層の電子密度 n_{SU} と，表面電位 ϕ_{SU} の関係を求めよう．熱平衡状態の電子密度 n は3章から

$$n = n_I \exp\{(E_F - E_I)/k_B T\}$$

で与えられ，E_F の位置できめられる．また表面から距離 x にある電位 $\phi(x)$ は，真性フェルミ準位 E_I を基準にして測り，図7・18のように，上向きを正とする．表面 $x = 0$ では $\phi(0) = \phi_{SU}$ である．表面から，かなり離れた x の大きい領域では，$E_I(x) = E_I$ となり

$$E_I - E_F = q\phi_F \tag{7・22}$$

とおく．またp形では

$$n \fallingdotseq n_I{}^2/N_A \tag{3・34}$$

が成立するから，これらの式より

$$\phi_F \fallingdotseq V_T \ln(N_A/n_I) \tag{7・23}$$

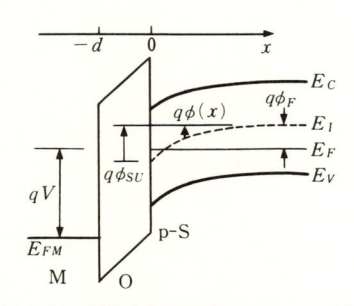

図7・18 半導体表面のポテンシャルの計算

である．$\phi(x)$ に対応する $E_I(x)$ は，図 7・18 より
$$E_I(x) = E_F + q\phi_F - q\phi(x) \tag{7・24}$$
となる．上式と 3 章から，x の関数としての $n(x)$ は
$$n(x) = n_I \exp[\{\phi(x) - \phi_F\}/V_T] \tag{7・25}$$
で与えられる．表面の電子密度 $n(0) = n_{SU}$ は，$\phi(0) = \phi_{SU}$ を用いて，式 (7・25) と式 (7・23) から
$$n_{SU} = n_I \exp\{(\phi_{SU} - \phi_F)/V_T\} \fallingdotseq (n_I^2/N_A)\exp(\phi_{SU}/V_T) \tag{7・26}$$
である．$\phi_{SU} = \phi_F$（つまり $E_F = E_I(0)$）の場合，$n_{SU} = n_I$ となり，$\phi_{SU} = 2\phi_F$ では，式 (7・23) と式 (7・26) から，$n_{SU} = N_A$（正孔密度）である．まとめると，$\phi_{SU} > \phi_F$ では，p 形基板表面は n 形に反転するが，$2\phi_F > \phi_{SU} > \phi_F$ では，弱い反転であり n_{SU} はあまり高い値とならない．$\phi_{SU} > 2\phi_F$ になると，n_{SU} は急激に増加して強い反転となる．ϕ_{SU} と n_{SU} の関係を模式的に示すと，図 7・19 のようになるが，簡単のために，図 7・20 のモデルを用いることとする．すなわち $2\phi_F > \phi_{SU} > 0$ では $n_{SU} = 0$ であり，$\phi_{SU} = 2\phi_F$ で反転し，n_{SU} が発生するとともに，ϕ_{SU} が $2\phi_F$ に固定されるとする．つまり反転層ができると，空乏層幅は変化しないと仮定する．

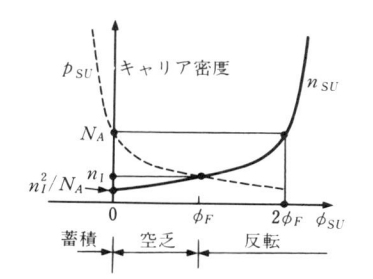

図 7・19 p 形基板表面のキャリア密度

図 7・20 n_{SU} と ϕ_{SU} の関係に対するモデル（p 形基板の表面）

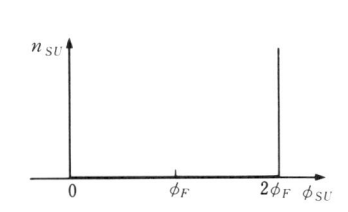

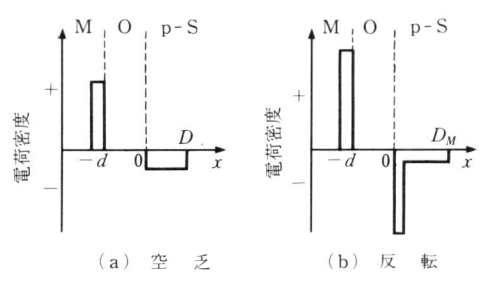

(a) 空乏

(b) 反転

図 7・21 D_M の説明

つぎに反転を起こす金属電極の電圧を考える．空乏状態のとき，図7・21(a)のように，金属界面には正電荷 Q_M があり，p形基板表面には，空乏層幅 D にアクセプタイオンによる電荷 $-qN_A$ があるとする．したがって基板内の電位分布 $\phi(x)$ は，ポアソンの式(4・32)において，$x = D$ で $d\phi(x)/dx = \phi(x) = 0$ の境界条件を用いると

$$\phi(x) = \frac{qN_A}{2\varepsilon_s\varepsilon_0}(D-x)^2, \quad x \geq 0 \tag{7・27}$$

が得られる．ε_s は p 形基板の比誘電率である．また酸化膜内には空間電荷がないとし，$x = 0$ で電気変位と酸化膜内の電位分布 $\phi'(x)$ はそれぞれ連続であるから

$$\phi'(x) = \frac{qN_A D}{\varepsilon_0}\left(-\frac{x}{\varepsilon_X} + \frac{D}{2\varepsilon_s}\right), \quad x \leq 0 \tag{7・28}$$

となる．したがって金属の電圧を V とすれば $\phi'(-d) = V$ である．反転状態は，図7・21(b)のように，p側の負電荷が，界面における反転層の電子とアクセプタイオンで構成される．反転層が生じると，図7・20のモデルにより $\phi_{SU} = 2\phi_F$ とおき，反転開始のときの空乏層幅 D_M は式(7・27)から

$$D_M = \sqrt{\frac{4\varepsilon_s\varepsilon_0\phi_F}{qN_A}} \tag{7・29}$$

となり，反転後も変化しない．このときの金属電極の電圧 V_{TH} は，式(7・28)で $x = -d$ および D を D_M とおき，上式を用いると

$$V_{TH} = 2\phi_F + \frac{qN_A D_M}{C_X} \tag{7・30}$$

が得られる．この V_{TH} は電圧のしきい値(threshold value)とよばれる．したがって $V < V_{TH}$ の場合空乏であり，$V > V_{TH}$ では反転となる．

反転層が形成されると，ϕ_{SU} は $2\phi_F$ に固定されるから，酸化膜に加わる電圧は，$V - 2\phi_F$ である．金属表面の電荷密度 Q_M は，反転層の表面電荷密度を Q_{IN} とおくと

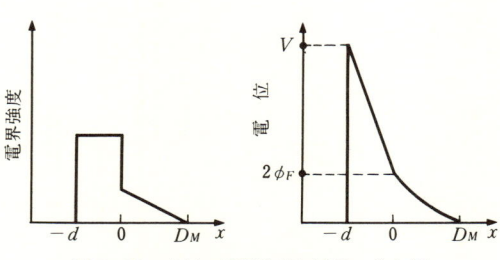

図7・22 反転の電界強度と電位の分布例

$$Q_M = C_X(V - 2\phi_F) = Q_{IN} + qN_A D_M \qquad (7\cdot31)$$

で与えられる．したがって Q_{IN} は，上式と式 (7・30) から

$$Q_{IN} = C_X(V - V_{TH}) \qquad (7\cdot32)$$

となる．また，反転における電位と電界の分布を模式的に示すと図 7・22 となる．

（3） 静特性とその解析

MOS FET の模式的な構造を，図 7・23 に示す．両側の n^+ 域は，それぞれソースとドレインであり，p 形基板によりチャネルの長さだけ離れている．SiO_2 の薄膜上にあるゲート電極に，高い正電圧 V_{GS} を与えると，反転層が p 形基板の表面にでき，n チャネルが形成される．したがってドレイン電圧 V_{DS} を与えると，ドレイン電流 I_D が流れる．$V_{GS}=0$ では，チャネルが形成されないからエンハンスメント形である（もしドナーをチャネル域にドープして，n 層をあらかじめ形成しておくと，$V_{GS}=0$ でも V_{DS} によって電流が流れ，デプレッション形となる）．

エンハンスメント形における I_D と V_{DS} の一般的な関係を，図 7・24 に示す．V_{DS} を 0 から増してゆくと，内部の電界強度が高くなり，伝導電子の移動速度は大きくなり，I_D が増加する．この範囲を線形域という．さらに V_{DS} が高くなると，

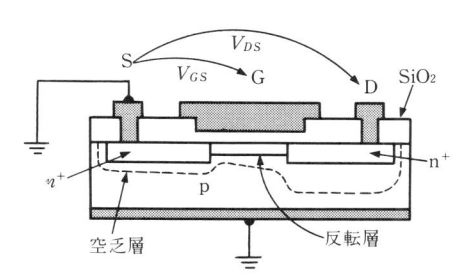

図 7・23 n チャネル MOS FET の模式図

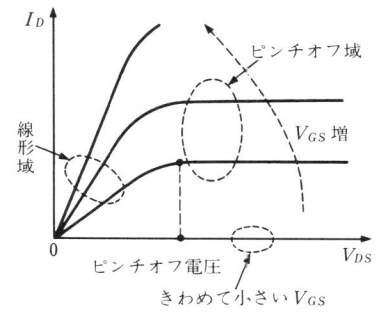

図 7・24 MOS FET の V_{DS}，V_{GS} と I_D の関係

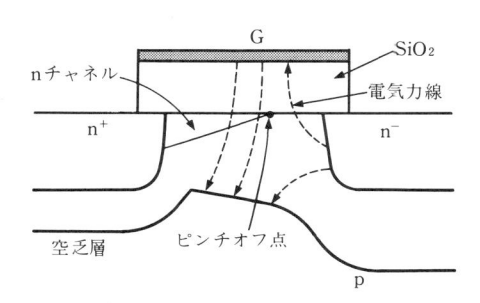

図 7・25 ピンチオフ状態の説明

ドレイン付近が反転しなくなり，I_D が飽和する．この範囲はピンチオフ域とよばれる．この場合ドレイン付近の空乏層は，図 7・25 のように広がり，ソースに向かう電気力線が存在する．したがってチャネル内をドリフトしてきた伝導電子がピンチオフ点までくると，強い電界にひきつけられ高速度でドレインにはいる．それで I_D は，チャネルを通過できる電子数によってきめられ飽和する．このような MOS FET の特性は，スイッチ作用と増幅作用を示す．たとえば V_{GS} が高い正電圧の場合，I_D が流れて ON の状態である．しかし V_{GS} がかなり低くなると，基板表面は空乏層になり，チャネルが消えて OFF となる．これがスイッチ作用である．また ON の場合，V_{GS} を変えると I_D が変化する．このときゲートには電流が流れないから，入力電力が 0 で高い入力抵抗を示し，増幅作用をもつこととなる．

図 7・26 と図 7・27 に，それぞれ n と p チャネル MOS FET の，よく使用される記号と伝達特性（I_D と V_{GS} との関係）を与えた．これらは基板に端子がでているものを示しており，SUB と記入した．この端子は，n チャネルでは最低の電位に，

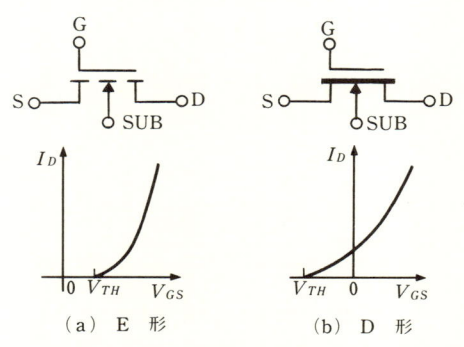

(a) E 形　　(b) D 形

図 7・26 n チャネル MOS FET の記号と特性

(a) E 形　　(b) D 形

図 7・27 p チャネル MOS FET の記号と特性

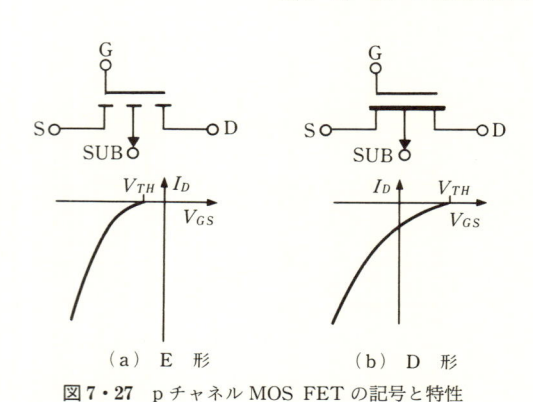

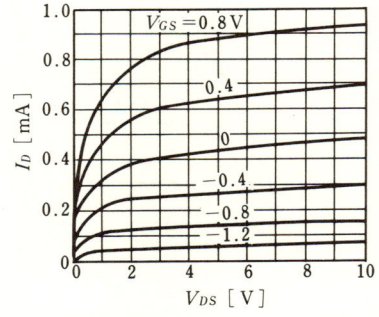

図 7・28 n チャネル D 形 MOS FET の出力特性の例

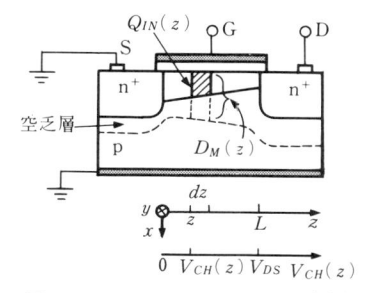

図7・29　MOS FET における反転層

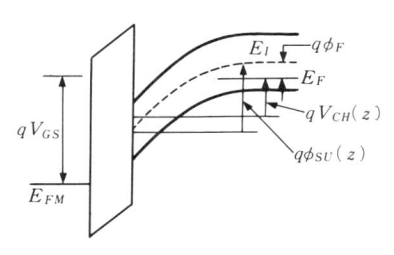

図7・30　$V_{CH}(z)$ の影響

pチャネルは最高の電位に接続される．また図7・28に，nチャネルデプレッション形の出力特性の例を示した．

MOS FET の動作は，これまでの説明で明らかなように，接合に垂直な方向に電圧を加え，接合と平行な半導体表面を流れる電流を制御する．したがって，長さ L (z 方向) と幅 W (y 方向) のn形チャネルをもつエンハンスメント形の静特性を計算しよう．はじめに，チャネルに沿う電位の変化を考察する．図7・29において，ソースと基板は接地され，正の電位 V_{GS} と V_{DS} が，それぞれゲートとドレインに加えられている．この場合，V_{GS} がしきい値より高く，V_{DS} があまり大きくないと，nチャネルが $z=0$ から $z=L$ まで形成される．したがって，チャネルに沿って電位 $V_{CH}(z)$ が考えられ，$V_{CH}(0)=0$ および $V_{CH}(L)=V_{DS}$ である．また反転層ができているから，前述のモデル図7・20によると，半導体表面の電位は $2\phi_F$ である．さらに $V_{CH}(z)$ が反転層と基板の間に逆バイアスされるから，ある位置 z のエネルギー帯図は，図7・30となる．それで表面の電位 $\phi_{SU}(z)$ は

$$\phi_{SU}(z) = 2\phi_F + V_{CH}(z) \tag{7・33}$$

となる．またその位置で，酸化膜に加わる電圧を $V_X(z)$ とおくと

$$V_{GS} = V_X(z) + \phi_{SU}(z) \tag{7・34}$$

で与えられるから，式 (7・33) と式 (7・34) から

$$V_{CH}(z) = V_{GS} - V_X(z) - 2\phi_F \tag{7・35}$$

が得られる．さらに，z の金属表面の電荷密度 $Q_M(z)$ は，式 (7・31) を参照して

$$Q_M(z) = C_X V_X(z) = Q_{IN}(z) + qN_A D_M(z) \tag{7・36}$$

となる．C_X は酸化膜の容量，$Q_{IN}(z)$ は反転層内 (位置 z) の表面電荷密度 (電子) である．また $D_M(z)$ は z の空乏層幅であり，式 (7・29) と式 (7・33) から

$$D_M(z) = \sqrt{\frac{2\varepsilon_S\varepsilon_0\{2\phi_F + V_{CH}(z)\}}{qN_A}} \tag{7・37}$$

で与えられる．

つぎに I_D と V_{DS} との関係を求める．位置 z における微小区間 dz の抵抗 dR は

$$dR = \frac{dz}{\mu W Q_{IN}}(z) \tag{7・38}$$

となる．μ はチャネル域の移動度である．dR による電圧降下 $dV_{CH}(z)$ は，$I_D dR$ であるから

$$dV_{CH}(z) = \frac{I_D dz}{\mu W Q_{IN}}(z) \tag{7・39}$$

で表される．式 (7・39) の z を 0 から L まで，つまり $V_{CH}(z)$ を 0 から V_{DS} まで積分すると

$$\int_0^L I_D dz = \int_0^{V_{DS}} \mu W Q_{IN}(z) dV_{CH}(z) \tag{7・40}$$

となる．式 (7・36)，(7・35) と式 (7・37) を上式に代入すると

$$I_D L = \int_0^{V_{DS}} \mu W [C_X \{V_{GS} - 2\phi_F - V_{CH}(z)\} \\ - \sqrt{2\varepsilon_s \varepsilon_0 q N_A \{2\phi_F + V_{CH}(z)\}}] dV_{CH}(z) \tag{7・41}$$

であり，計算を簡単にするため，式 (7・41) 右辺の $\sqrt{}$ 内に含まれる $V_{CH}(z)$ を省略して積分すると

$$I_D = \frac{\mu W C_X}{L} \left\{ \left(V_{GS} - 2\phi_F - \frac{V_{DS}}{2} \right) V_{DS} - \frac{V_{DS}}{C_X} \sqrt{4\varepsilon_s \varepsilon_0 q N_A \phi_F} \right\} \tag{7・42}$$

となる．ゲート電圧のしきい値 V_{TH} は式 (7・30) で与えられているから（同式は $V_{CH}(z) = 0$ であることに注意），式 (7・29) とともに，上式に用いると

$$I_D = \frac{\mu W C_X}{L} \left(V_{GS} - V_{TH} - \frac{1}{2} V_{DS} \right) V_{DS} \tag{7・43}$$

である．横軸に V_{DS}，縦軸に I_D をとると，式 (7・43) は原点を通り，上に凸な放物線であるから

$$V_{DS} = V_{GS} - V_{TH} \tag{7・44}$$

のとき，I_D は最大値

$$(I_D)_{MAX} = \frac{\mu W C_X}{2L} (V_{GS} - V_{TH})^2 \tag{7・45}$$

を示す．式 (7・44) より $V_{GS} - V_{DS} = V_{TH}$ であるから，ゲート・ドレイン間の電位差が V_{TH} に等しいと反転層が形成され，V_{DS} がさらに増加するとドレイン付近の反転層が消えてしまう．したがって式 (7・43) の I_D と V_{DS} との関係は

$$0 \leqq V_{DS} \leqq V_{GS} - V_{TH}$$

の範囲で成立する．あらためて

$$V_{DS} = V_{GS} - V_{TH} = V_P$$

とおいて，ピンチオフ電圧 V_P を用い，そのときの I_D すなわち $(I_D)_{MAX}$ を I_{DSA} とおくと

$$I_{DSA} = \frac{\mu W C_x}{2L} V_P^2 \tag{7・46}$$

となり飽和電流を示す．$V_{DS} > V_P$ の場合，ドレイン付近にチャネルが形成されない．とくに $V_{DS} > V_{GS}$ の状態では，前述の図 7・25 のようになり，ほぼ一定値の I_{DSA} が保たれる．式 (7・43) と式 (7・46) から I_D と V_{DS} の関係を求めると，図 7・31 となる．飽和域と非飽和域にわかれるが，かなり小さい V_{DS} 付近は線形域である．

つぎにチャネル内の電位分布を考える．式 (7・40) の積分を，$z = 0$ から $z = z$ まで求め，式 (7・42) の計算と同じ条件を用いると $V_{CH}(z)$ は

$$V_{CH}(z) = V_P\{1 - f(z)\} \tag{7・47}$$

$$f(z) = \sqrt{1 - (2 - \alpha)\alpha \frac{z}{L}} \tag{7・48}$$

となる．ここで $\alpha = V_{DS}/V_P$ であり，$\alpha = 1$ はピンチオフを示す．また電界強度 $F_{CH}(z)$ は，式 (7・47) から

$$F_{CH}(z) = -\frac{dV_{CH}(z)}{dz} = \frac{-(2-\alpha)\alpha V_P}{2Lf(z)} \tag{7・49}$$

で与えられる．チャネル内電子の平均速度 $v(z)$ は，移動度を μ とすれば，$-\mu F_{CH}(z)$ で示される．したがってチャネル (長さ L) の電子走行時間 τ は

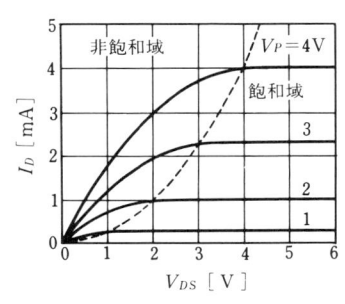

図 7・31　出力特性の計算例 ($W = 100\ \mu\text{m}$, $L = 5\ \mu\text{m}$, $C_x = 0.5\ \text{mF/m}^2$, $\mu = 0.05\ \text{m}^2/\text{V·s}$ の場合)

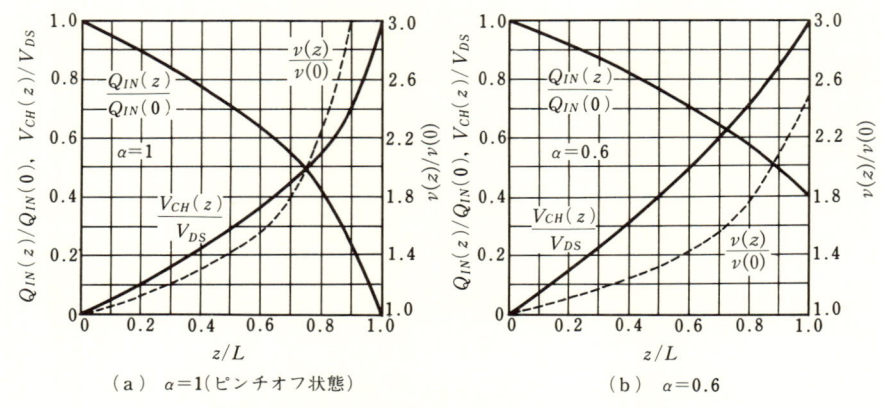

図7・32 (a) α=1（ピンチオフ状態）　(b) α=0.6

図7・32　z/L に対する $V_{CH}(z)$, $Q_{IN}(z)$ と $v(z)$ の変化

$$\tau = \int_0^L \frac{dz}{v(z)} = \frac{4L^2\{1-f^3(L)\}}{3(2-\alpha)^2\alpha^2\mu V_P} \tag{7・50}$$

である．

　反転層の表面電荷密度 $Q_{IN}(z)$ は，式 (7・37) で $V_{CH}(z)$ を省略し，$D_M(z)$ が式 (7・29) の D_M に等しいと仮定すると，容易に求められる．式 (7・36) の $Q_{IN}(z)$ に，式 (7・34)，(7・30)，$V_{GS}-V_{TH}=V_P$，式 (7・33)，(7・47) および式 (7・48) を用いると

$$Q_{IN}(z) = C_X V_P f(z) \tag{7・51}$$

となる．図7・32 に z/L に対する $V_{CH}(z)/V_{DS}$, $Q_{IN}(z)/Q_{IN}(0)$ および $v(z)/v(0)$ の関係を示す．同図 (a) と (b) は，それぞれ α が 1.0 および 0.6 の場合である．同図から明らかなように，V_{DS} が V_P に等しくなると ($\alpha=1$)，ドレイン付近の電界強度が高くなる．ピンチオフでは，$z=L$ の電子速度は無限大となるが，電荷密度は 0 である．

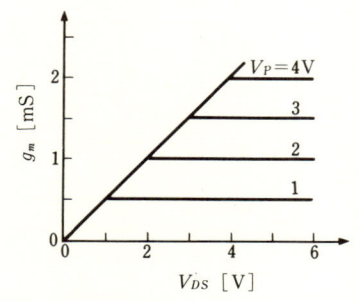

図7・33　g_m の計算例（$W=100\,\mu m$, $L=5\,\mu m$, $C_X = 0.5\,mF/m^2$, $\mu = 0.05\,m^2/V\cdot s$ の場合）

MOS FET の g_m は，定義式 $(7 \cdot 15)$ に，非飽和域の式 $(7 \cdot 43)$ を代入すると

$$g_m = \frac{\mu W C_X}{L} V_{DS} \qquad (7 \cdot 52)$$

となる．飽和域では式 $(7 \cdot 46)$ を用いて

$$g_m = \frac{\mu W C_X}{L} V_P \qquad (7 \cdot 53)$$

が得られる．図 $7 \cdot 31$ の計算条件に対する，g_m と V_{DS} の関数を図示すると，図 $7 \cdot 33$ となる．

[例題 $7 \cdot 1$] $\sqrt{(\phi_0 - V_{GS})/V_A} = 0.25$ の JFET で，$V_{DS}/V_A = 2$ に対する g_m/g_0 はいくらか．

[解] $V_A - (\phi_0 - V_{GS}) = V_A - 0.25^2 V_A = 0.9375 V_A$
すなわち $V_{DS} = 2 V_A > V_{GS} - \phi_0 + V_A = 0.9375 V_A$ で飽和している．したがって飽和域の g_m は，式 $(7 \cdot 17)$ から

$$g_m = g_0 \left(1 - \sqrt{\frac{\phi_0 - V_{GS}}{V_A}}\right) = g_0(1 - 0.25) = 0.75 g_0 \qquad \therefore \quad g_m/g_0 = 0.75$$

[例題 $7 \cdot 2$] MOS FET がピンチオフのとき，長さ L の電子走行時間 τ はいくらか．

[解] ピンチオフ $a = 1$ であるから，式 $(7 \cdot 48)$ は
$$f(L) = \sqrt{1 - (2-1) \times 1 \times (L/L)} = 0$$
となる．したがって τ は式 $(7 \cdot 50)$ から，次のようになる．
$$\tau = \frac{4L^2(1-0)}{3(2-1)^2 \times 1^2 \times \mu V_p} = \frac{4L^2}{3\mu V_p}$$

演 習 問 題

1. JFET において，$V_A = 8\,\mathrm{V}$，$\phi_0 \fallingdotseq 0$，$g_0 = 1\,\mathrm{mS}$，$V_{GS} = -1\,\mathrm{V}$ の場合，$V_{DS} = 4\,\mathrm{V}$ に対する I_D はいくらか．
2. MOS 構造において，つぎの条件の場合，ϕ_F はいくらか．ここで $N_A = 10^{21}\,\mathrm{m}^{-3}$，$n_I = 1.5 \times 10^{16}\,\mathrm{m}^{-3}$ および $T = 300\,\mathrm{K}$ とする．
3. 下記を説明せよ．
   JFET，ピンチオフ，ターンオフ，エンハンスメント，デプレッション形，ノーマリオフ，ノーマリオン，MOS 構造の蓄積・空乏・反転．

8章 電子デバイスの雑音

8・1 雑 音

　電子デバイスの出力には，必要とする信号のほかに，不要な電圧あるいは電流が含まれる．これらの電圧と電流は，時間的に不規則な変動をしており，雑音(noise)とよばれる．雑音は，デバイスの内部に原因がある内部雑音と，外部からはいる外来雑音にわけられる(図8・1)．またこれらの雑音には，本質的に除くことのできない雑音と，除去できる雑音がある．

　増幅用デバイスの場合，入力信号を小さくしていくと，出力信号が雑音に埋もれてしまい，それらの識別が困難となる．したがって増幅可能な入力信号の最低レベルがきめられる．増幅器としては，この最低レベルの値が小さいほどよく，そのためには雑音を小さくすることが必要である．また入力信号を最終的に0としたとき，除去できない内部雑音が残る．この内部雑音の小さいことが，増幅用デバイスのよさの目安となる．

　主な雑音をまとめると表8・1となる．ジョンソン雑音(Johnson noise)は熱雑

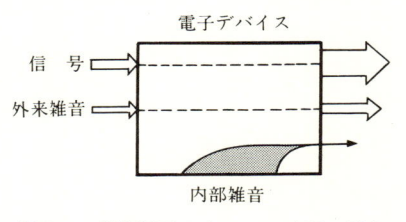

図8・1 増幅用電子デバイスの信号と雑音

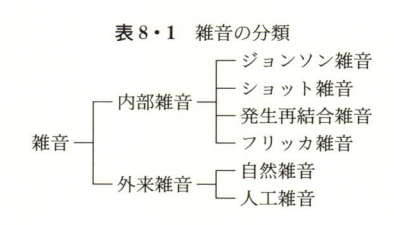

表8・1 雑音の分類

- 雑音
  - 内部雑音
    - ジョンソン雑音
    - ショット雑音
    - 発生再結合雑音
    - フリッカ雑音
  - 外来雑音
    - 自然雑音
    - 人工雑音

音(thermal noise)ともいい，抵抗体に電流が流れなくても発生する雑音であり，ショット雑音(shot noise)は半導体内のキャリアの流れが不規則なために生ずる．またキャリアが励起される過程はランダムであり，さらに発生したこれらのキャリアはイオン化した不純物と再結合する．このような場合の雑音を発生再結合雑音(generation-recombination noise)という．さらに半導体や抵抗体に直流電流が流れると，周波数に逆比例する雑音成分が現れる．これはフリッカ雑音(flicker noise)または$1/f$雑音($1/f$ noise)とよばれる．外来雑音は，太陽系および宇宙雑音などの自然雑音と，けい光灯などからの人工雑音がある．

8・2 雑音指数

信号と雑音の比を信号対雑音比(signal-to-noise ratio, SN ratio)という．信号電力をS，雑音電力をNとすれば，S/Nで表され，その値は一般に$10\log(S/N)$のdB値で示す．ここでdBはデシベル(decibel)を示す．雑音が少ないほどSN比が大きい．図8・2の増幅用デバイス(利得G)において，入力端におけるS_I/N_Iと，出力端のS_o/N_oとの比Fは

$$F = \frac{S_I/N_I}{S_o/N_o} = \frac{N_o}{GN_I} \tag{8・1}$$

となる．ここで$G = S_o/S_I$であり，Fは雑音指数(noise figure)とよばれ，内部雑音がどの程度であるかを表す．

つぎに増幅用デバイスの線形4端子回路(利得G，帯域幅Δf)において(図8・3)，入力信号は，信号電圧v_sと内部抵抗R_sの直列回路で表される．回路の入力抵抗R_iが，R_sに等しくなるように整合されていると，入力信号の最大電力が回路にはいる．また負荷R_lも出力抵抗R_oに整合されているとする．回路にはいる外来雑音N_Iを，入力側の抵抗R_sで発生する熱雑音におき換えて考えると，回路が整合されているから，N_IはR_sの有能雑音電力$k_B T\Delta f$に等しい(8・3節参照)，すなわち

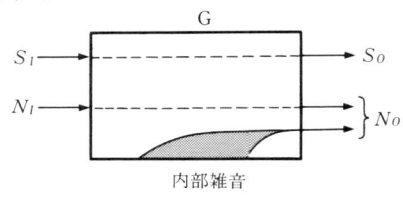

図8・2 雑音指数の説明

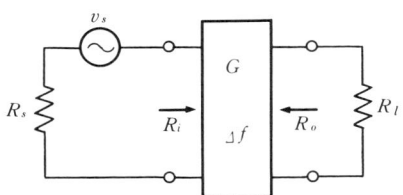

図8・3 増幅用デバイスの線形4端子回路

$$N_I = k_B T \Delta f \tag{8・2}$$

で与えられる．ここで k_B はボルツマン定数および T は抵抗の温度である．また回路内部で発生する雑音を，入力側に換算した値を N_{EQ} とおくと，出力側における有能雑音電力 N_O は

$$N_O = G(k_B T \Delta f + N_{EQ}) \tag{8・3}$$

で示される．式 $(8・2)$ と式 $(8・3)$ を式 $(8・1)$ に代入すると

$$F = 1 + \frac{N_{EQ}}{k_B T \Delta f} \tag{8・4}$$

となる．一般に雑音指数は $10 \log F$ [dB] で表される．N_{EQ} が，等価的に T_{EQ} [K] の有能電力に等しいとおくと

$$T_{EQ} = (F - 1)T \tag{8・5}$$

である．この T_{EQ} を，入力側に換算した雑音温度 (noise temperature) とよぶ．内部雑音がなければ，$N_{EQ} = 0$ であるから $F = 1$ となり，$T_{EQ} = 0$ [K] である．

8・3 ジョンソン雑音

一様な温度 T に保たれている抵抗体の内部では，伝導電子が熱運動している．電圧を加えていないから，抵抗体全体は電気的に中性であるが，電子はランダムな動きを示す．したがって，図 8・4 の電流 i のように，不規則に変動する波形となる．これがジョンソン雑音であり，前述のように熱雑音ともよばれる．i の平均値は 0 であるが，その 2 乗平均値 $\overline{i^2}$ は，同図の下部に示したようになり，抵抗値を R とすれば平均雑音電力は $\overline{i^2}R$ である．ここで $\overline{i^2}$ は

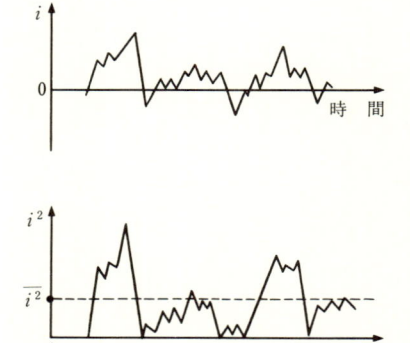

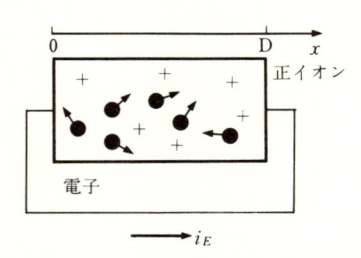

図 8・4 ジョンソン雑音の電流　　図 8・5 ジョンソン雑音を考察する抵抗体のモデル

$$\overline{i^2} = \frac{1}{T}\int_0^T i^2 dt \qquad (8\cdot 6)$$

の関係があり，T は雑音の平均周期にくらべて十分長い時間をとる．ジョンソン雑音は，10 GHz 付近までの広い周波数帯にわたり，そのエネルギー密度の分布がほぼ一定であり，白色雑音 (white noise) ともいう．

ジョンソン雑音の特性を，外部回路を短絡した抵抗体のモデルで考えよう (図 8・5)．抵抗体には，同数の電子と正イオンがあり，平均的に電気的中性が保たれているとする．しかし電子はランダムに動き回るから，ほかの電子やイオンなどと，つぎつぎと衝突し，散乱を起こす．いま平均の緩和時間を τ_0 とすれば，毎秒あたり τ_0^{-1} の平均回数だけ散乱をうける．したがって，任意の電子1個が，ある散乱からつぎの散乱までの期間 (時間を τ とする)，外部回路に流れる誘導電流 i_E は

$$i_E = \begin{cases} \dfrac{qv_x}{D}, & 0 \leq t \leq \tau \\ 0, & t < 0,\ \tau < t \end{cases} \qquad (8\cdot 7)$$

となる (参考文献 25 の 6・2 節参照)．D は抵抗体の長さ，v_x は電子の熱速度の x 方向成分である．また前述の τ_0 は，τ を多数の電子について平均した値である．ある周波数 f から $f + \Delta f$ までの狭い範囲内における電力を計算し，その電流の 2 乗平均値 $\overline{i^2}$ を求めると

$$\overline{i^2} = \frac{4k_B T \Delta f}{R} \qquad (8\cdot 8)$$

となる (参考文献 14 参照)．k_B はボルツマン定数であり，R は抵抗値を示す．式 (8・8) は短絡された R のジョンソン雑音の電流を示す．閉じてない R において，その両端に発生する開路雑音電圧の 2 乗平均値 $\overline{v^2}$ は，周波数帯域 Δf に対して

$$\overline{v^2} = \overline{i^2} R^2 = 4k_B T R \Delta f \qquad (8\cdot 9)$$

で与えられる．上式はナイキスト (Nyquist) の雑音ともよばれる．

ジョンソン雑音を発生する抵抗 R は，雑音を含まない抵抗 R に等価電圧源 $\sqrt{\overline{v^2}}$ (内部抵抗 0) を直列に加えた電圧源表示で表される．このような開路雑音電圧を用いるかわりに，短絡雑音電流で示すこともできる．雑音のない抵抗 R に，等価電流源 $\sqrt{\overline{i^2}} = \sqrt{\overline{v^2}}/R$ を並列に加えた電流源表示で示される．この電流源は，内部抵抗が無限大で，負荷の値にかかわらず雑音電流の実効値 $R\sqrt{\overline{i^2}}$ を流す．

抵抗 R のジョンソン雑音による雑音電力 N は，式 (8・8) から

$$N = \overline{i^2}R = 4k_BT\varDelta f \qquad (8\cdot10)$$

となり，抵抗値 R に無関係となる．この雑音源に対して，インピーダンスが整合されている場合，すなわち負荷抵抗が R に等しいとき，負荷に与えられる電力 N_A は

$$N_A = \frac{\overline{i^2}R}{4} = \frac{\overline{v^2}}{4R} = k_BT\varDelta f \qquad (8\cdot11)$$

である．この N_A は有能雑音電力 (available noise power) とよばれ，T と $\varDelta f$ できめられる．

また電子デバイスで構成される電子回路の内部雑音は，入力側に換算し，これと同じ熱雑音を発生する抵抗 R_{EQ} によっておき換えられる．この抵抗は，雑音等価抵抗 (noise equivalent resistance) とよばれる．電子回路の雑音を考察する場合，この R_{EQ} を用いると便利である．

8・4 ショット雑音

デバイス内に，離散的なキャリアがランダムに発生して移動すると，図 8・6 のように，流れる電流は不規則に変動する．このような波形では，短時間の平均値が不規則に変化し，その値は長時間の平均値 I と一般に異なる．すなわち，ゆらぎ (fluctuation) が存在し，直流値 I も一定でなく，ゆらぎに応じた雑音を伴う．これがショット雑音であり，そのエネルギー分布は，かなり高い周波数まで一様に分布している．

ショット雑音の特性を，図 8・7 で考察しよう．同図で，電極 A から電子が出発し，すこし高い電位にある電極 B へはいるとする．直流値を I とすれば，出発する電子の平均個数は I/q である．電子 1 個が電極間を移動する期間，外部回路に流れる誘導電流 i_E は式 (8・7) から

$$i_E = \frac{qv}{D} \qquad (8\cdot12)$$

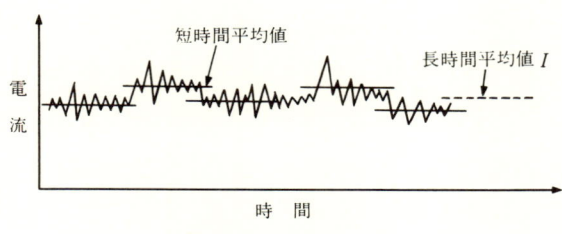

図 8・6　電流のゆらぎ

図8・7 ショット雑音を考察するモデル

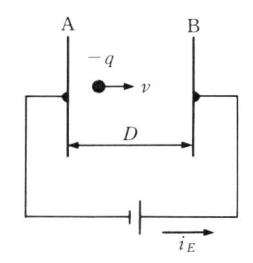

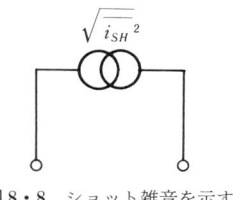

図8・8 ショット雑音を示す等価電流源

で与えられる．v は電子速度であり，D は電極間隔である．したがって I/q 個の電子がランダムに発生して移動すると，それらによる誘導電流の重ね合わせが電流値となり，平均値をもつ脈動電流となる（図8・6参照）．f と $f+\Delta f$ の周波数帯域における電力を計算すると，次式のような等価電流源で表される．すなわちショット雑音電流の2乗平均値は

$$\overline{i_{SH}^2} = 2qI\Delta f \qquad (8・13)$$

で与えられ，等価回路は図8・8となる（参考文献14参照）．上式は，ショットキー（Schottky）の雑音ともいい，電流の平均値 I に比例している．

8・5 発生再結合雑音

ゲルマニウム Ge のような半導体に光を照射すると，その電気抵抗が減少する．この現象は光導電効果（photoconductive effect）とよばれ，内部光電効果（internal photoelectric effect）ともいう．その半導体に電圧を加えておくと，光照射により電流が増加する．このようすを図8・9で説明しよう．入射フォトンのエネルギーが，価電子帯から電子を伝導帯に励起させるほど大きいと，自由電子と自由正孔が内部に発生する．エネルギー・ギャップを E_G [eV] とし，光の波長を λ [μm] とすれば

$$\lambda \leq \frac{1.24}{E_G} \quad [\mu m] \qquad (8・14)$$

の場合キャリアが発生する．電子は正の電極側に，正孔は負の電極側に移動し，それぞれの電極にはいる．入射フォトンにより，毎秒あたり発生するキャリアの平均個数を n_c とし，再結合するまでの時間，つまり再結合寿命（recombination life time）の平均値を τ_R とすれば，平均のキャリア数 $\overline{n_c}$ は

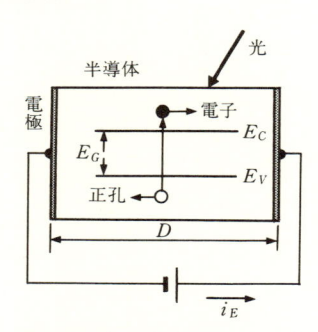

図8・9 光導電効果(半導体内部はエネルギー帯を示す)

$$\overline{n_C} = n_C \tau_R \qquad (8 \cdot 15)$$

となる．半導体内の電界を F とすれば，これらのキャリアは速度 $\overline{v} = \mu F$ でドリフトする．すなわち半導体に光をあてつづけると，キャリアの発生と消滅がつりあって，電流が一定値におちつくこととなる．

光導電効果における雑音を考察しよう．入射光の電力が時間的に一定であっても，キャリアはランダムに発生する．さらに励起されたキャリアは再結合するが，これもランダムな過程である．したがって電流値は一定ではなく，ゆらぎに応じた雑音を伴う．図 8・9 において，フォトンのエネルギーを吸収して励起され，寿命が τ の 1 個の電子を考える．この場合，外部回路に流れる誘導電流 i_E は，式 $(8\cdot7)$ を参照して

$$i_E = \begin{cases} \dfrac{q\overline{v}}{D}, & 0 \leq t \leq \tau \\ 0, & t < 0, \ \tau < t \end{cases} \qquad (8 \cdot 16)$$

となる．式 $(8\cdot15)$ の τ_R は，上式の τ を多数の電子について平均した値である．これらの電子による誘導電流の重ね合わせが電流となり，ある平均値 I をもつ脈動電流を示す．f と $f+\Delta f$ の狭い周波数帯域にある電力に，等価な雑音電流源 $\overline{i_{GR}^2}$ は

$$\overline{i_{GR}^2} = \frac{4qI(\tau_R/\tau_T)\Delta f}{1+4\pi^2 f^2 \tau_R^2} \qquad (8 \cdot 17)$$

で与えられる(参考文献 14 参照)．$\tau_T = D/\overline{v}$ は，電子の走行時間である．すなわち発生再結合雑音は，電流の平均値 I と τ_R/τ_T に比例している．たとえば Hg をドープした Ge(長さ $D=1\,\mathrm{mm}$)が，20 K に冷却された場合，$\tau_R \simeq 1\,\mathrm{ns}$ および $\tau_T \simeq 10\,\mathrm{ns}$ 程度である．

8・6 トランジスタの雑音

バイポーラトランジスタの主要な雑音は，ベース抵抗によるジョンソン雑音，エミッタ接合とコレクタ接合におけるショット雑音と $1/f$ 雑音，およびエミッタ電流がベースとコレクタに分配されるときに発生する分配雑音(partition noise)などである．たとえばトランジスタの分配雑音は，エミッタ電流がベース電流とコレクタ電流に分配される比率のゆらぎによって発生する．これらの雑音源を含むトランジスタの等価回路は容易に得られるが，素子数が多くなり計算に不便である．たとえばベース接地の場合，これらの雑音をエミッタ雑音 $\overline{v_{en}^2}$ とコレクタ雑音 $\overline{v_{cn}^2}$ にまとめて，トランジスタのT形等価回路に加えると，図8・10のような簡単な回路となり，よく使用される．

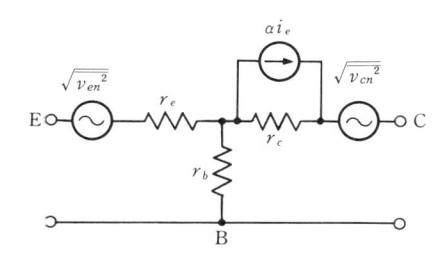

図8・10 雑音源を含むベース接地トランジスタの簡単な等価回路

[例題8・1] 温度20°Cの抵抗 $1\,\mathrm{k\Omega}$ に発生するジョンソン雑音電圧はいくらか．周波数帯域 $\varDelta f$ は $10\,\mathrm{kHz}$ とする．

[解] 式(8・9)に数値をいれると
$$\overline{v^2} = 4k_B TR\varDelta f = 4 \times 1.38 \times 10^{-23} \times (20 + 273) \times 10^3 \times 10^4$$
$$= 16.2 \times 10^{-14}\,\mathrm{V}^2$$
$$\sqrt{\overline{v^2}} = \sqrt{16.2 \times 10^{-14}} = 0.4\,\mathrm{\mu V}$$

[例題8・2] 直流電流 $4\,\mathrm{mA}$ のショット雑音電流を求めよ．周波数帯域を $10\,\mathrm{kHz}$ とする．

[解] 式(8・13)に数値をいれると
$$\overline{i_{SH}^2} = 2qI\varDelta f = 2 \times 1.6 \times 10^{-19} \times 4 \times 10^{-3} \times 10^4 = 12.8 \times 10^{-18}\,\mathrm{A}^2$$
$$\therefore \quad \sqrt{\overline{i_{SH}^2}} = 3.6\,\mathrm{nA}$$

演習問題

1. 信号電力が 2 pW，有能雑音電力が 42 fW の場合，信号対雑音比は何 dB か．
2. 下記を説明せよ．
   ジョンソン雑音，ショット雑音，発生再結合雑音，分配雑音，信号対雑音比，雑音指数，雑音温度．

9章 マイクロ波半導体デバイス

電磁波の波長が，10 cm から 1 mm 程度までの範囲をマイクロ波 (microwave) という．ときには波長 1 m までを含むことがある．また波長 1 cm〜1 mm をミリ波 (millimeter wave) といい，1 mm〜0.1 mm はサブミリ波 (submillimeter wave) ともよばれる．これらの周波数帯を図 9・1 に与えた．同図には，レーダ波のバンド (band) 名も示されている (付録 2 参照)．

マイクロ波半導体デバイスは，低いバンドでは Si が主に使用され，高いバンドでは GaAs などの化合物が用いられる．MHz 帯では TV 受信機や移動通信に，GHz 帯では衛星放送・衛星通信・地上マイクロ波通信に応用される．

これまでに学んだ多くのデバイスは，回路の特性 (容量・抵抗を小さくすること) およびキャリアの運動 (走行時間を小さくすること) を工夫することにより，マイクロ波帯で動作させることができる．この章では，表 9・1 に示した 5 つのデバ

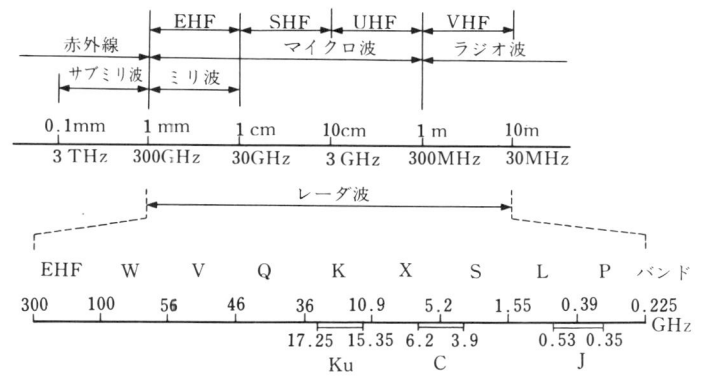

図 9・1 マイクロ波のスペクトル ($1\,\text{GHz} = 10^9\,\text{Hz}$, $1\,\text{MHz} = 10^6\,\text{Hz}$)

表 9・1 マイクロ波帯の半導体デバイス

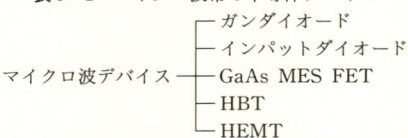

```
                    ┌─ ガンダイオード
                    ├─ インパットダイオード
マイクロ波デバイス ──┼─ GaAs MES FET
                    ├─ HBT
                    └─ HEMT
```

イスについて述べる．すなわちガンダイオード (Gunn diode)，インパットダイオード (IMPATT diode)，マイクロ波帯 GaAs MES FET，ヘテロ接合バイポーラトランジスタ (heterojunction bipolar transistor, HBT) および高移動度トランジスタ (high electron mobility transistor, HEMT) などである．

9・1 ガンダイオード

n 形 GaAs に加える電界 F がある値 F_{TH} を越えると，媒質内の電子速度は低下する（図 3・20）．この特性は，発見者ガン (J.B. Gunn) の名前を用いてガン効果 (Gunn effect) とよび，n 形 InP や 3 元化合物でも認められる．n 形 GaAs の Ek 図は図 2・23(b) に与えられたが，この効果の説明に必要な部分を示すと図 9・2 となる．有効質量が小さく移動度の大きい伝導帯 Γ バレイ (Γ valley) と，それよりエネルギーがすこし高いところに，有効質量が大きく移動度の小さい伝導帯 L バレイと X バレイが存在する．室温にある電子の平均熱エネルギーは 39 meV 程度であるから，大部分の電子は Γ バレイにある．またエネルギー・ギャップは 1.43 eV であり，Γ バレイと L および X バレイとのエネルギー差より大きいから，電界を強くするとなだれによる絶縁破壊は起こらず，Γ バレイの電子が上のバレイに移る．すなわち，Γ バレイとほかのバレイとの間の電子遷移 (electron transition) によって，ガン効果が発生する．

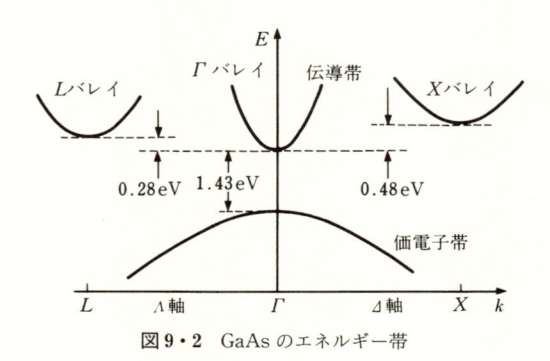

図 9・2 GaAs のエネルギー帯

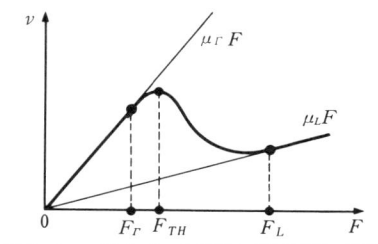

図9・3 n形GaAsの電界と電子速度の関係

簡単な例として，ΓバレイとLバレイのみを考え，それぞれの電子密度と移動度を，n_Γ, n_Lおよびμ_Γ, μ_Lとする．全電子密度n_0は$n_0 = n_\Gamma + n_L$である．低電界では大部分の電子がΓバレイにあるから，図9・3で$0 < F < F_\Gamma$の場合，$n_\Gamma \fallingdotseq n_0$, $n_L \fallingdotseq 0$とおくと，電子速度vは

$$v = \mu_\Gamma F \tag{9・1}$$

で与えられ，同図の直線$\mu_\Gamma F$となる．つぎに電界がかなり高くなり，同図のF_Lを越えると，大部分の電子はホット(hot)になりLバレイにあるとしてよい，すなわち$F > F_L$のとき，$n_\Gamma \fallingdotseq 0$, $n_L \fallingdotseq n_0$となり

$$v = \mu_L F \tag{9・2}$$

であるから，同図の直線$\mu_L F$で示される．つぎに$F_\Gamma < F < F_L$の場合，電子はΓとLバレイにあるから，vとFの関係は図9・3の曲線となり，電界F_{Th}でvが最大値を示す．F_{TH}を過ぎるとvF曲線は負の傾斜を示すから，微分移動度$dv/dE = \mu_1$が負となる．この特性は，電子遷移により負性微分移動度(negative differential mobility)をもつという．またF_{TH}はしきい電界(threshold electric field)とよび3 kV/cm程度であり，そのときのvは200 km/sほどである．

このようなvF特性をもつ媒質の内部で，電子密度の濃淡ができるとどのように変化するかを考えよう．両端にオーム性電極をもつn形GaAs（長さl）において（図9・4），媒質内の電界F_AがF_{TH}を越えるように電圧が与えられている．このとき陰極付近に，図9・5(a)のような電子密度のわずかな濃淡ができたとする．こ

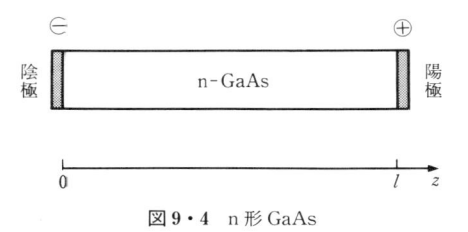

図9・4 n形GaAs

(a) 電子密度の濃淡　　(b) 高電界ドメイン

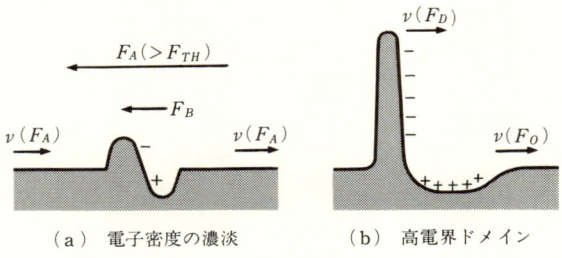

図9・5　高電界ドメインの発生

れによる電界 F_B は同図のようになるから，他の部分より高い電界 $F_A + F_B > F_{TH}$ が発生する．したがってこの部分では，ホットエレクトロンとして L バレイに移り，遅いドリフト速度で右方へ進む電子数が多くなる．濃淡部分が移動するにしたがって，高密度部分に電子がますます集まり，低密度部分の電子はますます少なくなり，図9・5(b)となる．その結果この部分の電界はかなり高くなり，高電界ドメイン (high field domain) とよばれる．このドメインができると媒質内の電界がこの部分に集中するので，ドメイン外の電界 F_0 は F_{TH} より低い値となる．またドメインの最大電界を $F_D(>F_{TH})$ とすれば，その速度 $v(F_D)$ はドメイン外の速度 $v(F_0)$ に等しい (参考文献12参照)．

　陰極付近から成長した高電界ドメインは，$v(F_D)$ の速度 (ほぼ100 km/s) で陽極に向かい，そこに到達するとドメインは消える．その結果，媒質内部の電界は $F_A(>F_{TH})$ にもどり，再びドメインが発生して同じ過程を繰り返す．ドメインができると，他の部分の電界が $F_0(<F_{TH})$ に低下するから，陽極電流が減少する．ドメインが消えると，媒質内の電界が $F_A(>F_{TH})$ と高くなるから，陽極電流が増加する．このため電流波形は，図9・6のように，周期的変化を繰り返す．電流の振動は，周期が $\tau_D = l/v(F_D)$ の高周波成分を含み，空胴共振器 (cavity resonator) でその出力をとりだすことが可能となる．ここで τ_D はドメインの走行時間を示す．

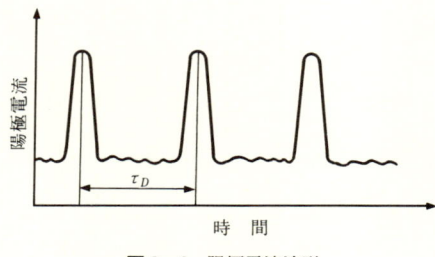

図9・6　陽極電流波形

9・1 ガンダイオード

高電界ドメインを用いると，マイクロ波帯の発振器が得られる．このようなデバイスはガンダイオード，電子遷移発振器(transferred electron oscillator, TEO)，あるいはガン効果発振器(Gunn effect oscillator)とよばれる．トランジスタとの基本的な差は，TEOが接合やゲートをもたず，均一な電気的性質の半導体を用いており，バルクデバイス(bulk device)ともよばれる．トランジスタ内にある電子のエネルギーは，熱エネルギーにくらべてそれほど多くなく，いわゆるウォームエレクトロン(warm electron)の運動で，その特性がきめられる．しかしTEOはホットエレクトロンの動きに依存する．

図9・7にガンダイオードの例を示す．メサ構造であり，中央のn域がバルク効果を示す．その厚さは，Xバンドで$10\,\mu\mathrm{m}$程度である．n^+側を陽極としてヒートシンクにとりつけ，熱伝導をよくする．発振器としては，このダイオードを空胴共振器にくみこみ，必要な発振周波数を得る．図9・8(a)は，理解しやすいドーナツ形(doughnut type)空胴共振器の例であり，中央部にダイオードをとりつける．同図(b)は，その断面の電気力線と磁力線の分布を，振動周期の4つの位相について示した．空胴は，磁界エネルギーを蓄える誘導性の部分と，電界エネルギーを蓄える容量性の部分で構成される．多くの静電容量と導線のインダクタンスが，全部並列に接続されているとみなされ，同図(c)のような同調回路と考えられる．空胴共振器がマイクロ波局波数fに同調していると

$$f = \frac{1}{\tau_D} = \frac{v(F_D)}{l} \tag{9・3}$$

である．たとえば$l = 10\,\mu\mathrm{m}$，$v(F_D) = 100\,\mathrm{km/s}$とすれば$f = 10\,\mathrm{GHz}$となる．このような発振モードは，走行時間モード(transit-time mode)とよばれる．

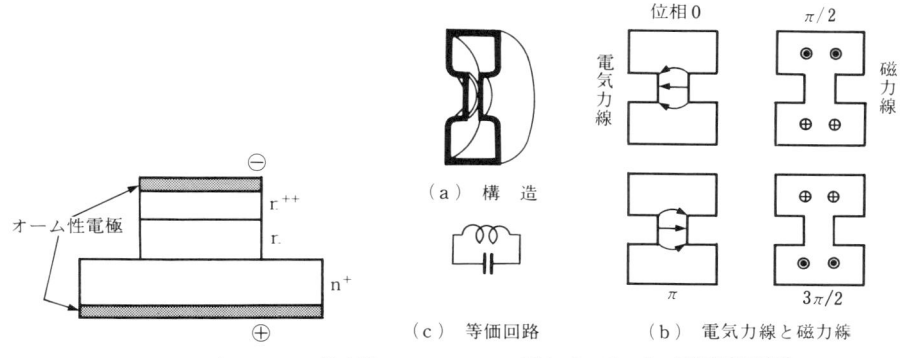

図9・7 n形GaAsガンダイオードの構造例

図9・8 ドーナツ形空胴共振器

陰極で発生した電子密度の変化分 δQ_C が，媒質内を通過し陽極に達したとき，δQ_A に成長しドメインを形成しているとすれば

$$\delta Q_A = \delta Q_C \exp\left(\frac{-qn_0\mu_1 l}{\varepsilon\varepsilon_0 v(F_D)}\right) \tag{9・4}$$

で与えられる．ここで n_0 は平衡電子密度，ε は媒質の比誘電率および μ_1 は微分移動度である．それゆえ GaAs で高電界ドメインが成長するには，$\mu_1 < 0$ であり

$$n_0 l > 10^{12} \text{ cm}^{-2} \tag{9・5}$$

でなければならない．ガンダイオードにおける出力と周波数の例は 9・3 節に述べる．

9・2 インパットダイオード

なだれ現象は 5・4 節 (1) で説明したが，それにより発生したキャリアをドリフト域に注入し，飽和速度 v_{SAT} (図 3・20) でドリフトさせると，マイクロ波を発振する．これがインパットダイオードであり，インパット発振器 (IMPATT oscillator) あるいはリードダイオード (Read diode) ともよぶ．インパットは Impact Avalanche and Transit Time の略語であり，リード (W.T. Read) は提案者の名前である．

実用されるダイオードは，Si あるいは GaAs の pn 接合を変形したものが多い．しかしキャリアの振る舞いを理解しやすくするため，なだれ域とドリフト域が分離している p^+nin^+ 構造で説明する．模式的な例を図 9・9 に示す．また同図には，強

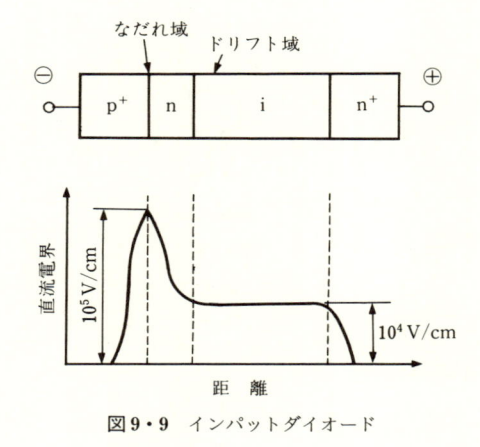

図 9・9　インパットダイオード

(a) 電圧

(b) 注入電流と誘導電流

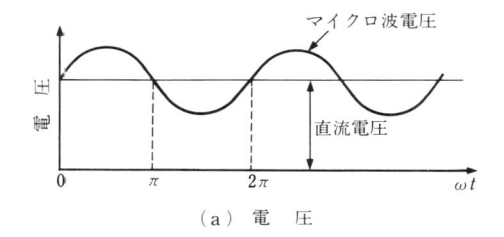

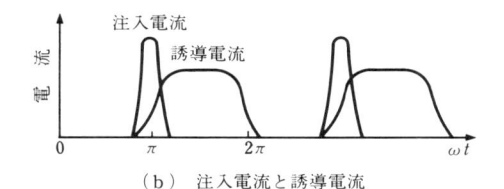

図9・10 インパットダイオード内の電圧と電流

く逆バイアスされた場合の直流電界の分布も与えており，ドリフトするキャリアは電子である．p^+n 接合に高い電界ができるから，電子・正孔の対が発生し，正孔は p^+ 域にはいるが，電子は i 域で構成されたドリフト域にはいり，v_{SAT} で進みコレクタに集められる．

いまインパットダイオードが空胴共振器にくみこまれ，図9・10(a)のような直流電圧とマイクロ波電圧（角周波数 $\omega = 2\pi f$）がダイオードに与えられているとする．pn 接合のイオン化率（図5・13）は，マイクロ波電圧の変化に対して，ほぼ瞬間的に対応する．しかしキャリア密度はすぐ応答しない．その理由は，キャリアの発生がすでに発生したキャリア数に依存するためである．すなわちマイクロ波電圧がその最大値を過ぎても，キャリアの発生率が平均値より多いため，キャリア密度が増加し続け，電圧が平均値になるとキャリア密度が最大値を示す．キャリア密度のマイクロ波成分は，マイクロ波電圧に対して，90度の位相遅れがある．発生した電子がドリフト域にはいるから，これらのようすを図9・10(b)に，注入電子による電流として示した．電圧の最大値は $\omega = \pi/2$ にあり，注入電流の最大値は $\omega = \pi$ にあるから，位相差は $\pi/2$ である．この電子は v_{SAT} でドリフトするから，外部回路を流れる誘導電流は式(8・7)で与えられ，同図(b)のようになる．注入電流の最大値と，誘導電流の中央部分との位相差は $\pi/2$ である．その結果，マイクロ波電圧と誘導電流の位相差が π となり，外部回路からみたダイオードは，負性抵抗（negative resistance）であり発振器となる．ドリフト域の長さを l とすれば，その走行時間 τ_{IM} は $\tau_{IM} = l/v_{SAT}$ であるから，マイクロ波電界の周波数 f は

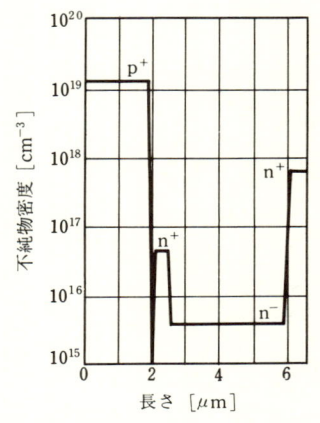

図9・11 GaAs インパットダイオードの不純物密度分布の例

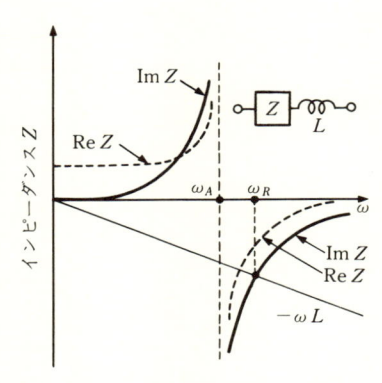

図9・12 インパットダイオードのインピーダンスの周波数特性

$$f = \frac{1}{2\tau_{IM}} = \frac{v_{SAT}}{2l} \tag{9・6}$$

となる．たとえば Si で $l = 5\,\mu\mathrm{m}$，$v_{SAT} = 100\,\mathrm{km/s}$ とすれば，$f = 10\,\mathrm{GHz}$ である．またなだれ域に与える電圧が低いほど能率が高くなるから，不純物密度の分布にいろいろな方法が用いられる．GaAs インパットダイオードにおける分布の例を図9・11に示す．高密度の n^+ 域から低密度の n^- 域への変化が急なほど高い効率が得られる．

なだれ域とドリフト域を含めたダイオードの全インピーダンス Z を求めると

$$Z \fallingdotseq \frac{L^2}{2\varepsilon\varepsilon_0 S v_{SAT}\{1-(\omega/\omega_A)^2\}} + \frac{1}{j\omega C\{1-(\omega/\omega_A)^2\}} \tag{9・7}$$

である（参考文献12）．ここでドリフト域の走行角 (transit angle) $\omega\tau_{IM}$ は小さいとした．また S は断面積，C はなだれとドリフト両域の容量，および ω_A はなだれ域の等価回路における共振角周波数である．ω_A は構造寸法，材料，不純物分布となだれ電流（直流分）などで変化する．Z の周波数特性を描くと図9・12で与えられる．同図の破線は抵抗分，実線はリアクタンス分を示す．$\omega > \omega_A$ の場合負性抵抗を示し，ダイオードにインダクタンス L を接続した場合（同図参照），L のリアクタンスとダイオードの電流を変えると，発振周波数が変化する．これを電子同調 (electronic tuning) が可能であるという．インパットダイオードの出力と周波数の関係は，9・3節に述べる．

9・3 出力と周波数

マイクロ波半導体デバイスの出力と周波数の関係を，図9・13に示す．出力は連続波 (continuous wave, CW) である．マイクロ波出力の最大値は，電子の運動に制限され，周波数 f の2乗に反比例する．低い周波数帯のマイクロ波出力は，熱放散が困難となり，周波数 f に反比例する．

同図の MES FET は，GaAs を用いており，周波数の限界は，ゲートの長さ L_G の最小値と，これを製造する技術に依存する．現在 L_G の最小値は $0.1 \sim 0.2\ \mu$m である．実際の周波数限界は，電極の抵抗や電極間容量のため低くなる．実用的には集積回路を構成しており，11・5節に述べられる．

HBT は，ホモ接合 (homo junction) にくらべて，高い注入効率が得られ，電流増幅率が大きくなる．またベースに GaAs を用いると，ベース走行時間を短くでき，電流利得の遮断周波数をかなり高くできる．HEMT は，高移動度の GaAs を用いる FET である．電子の飽和速度がかなり大きいから，高速応答が期待される．

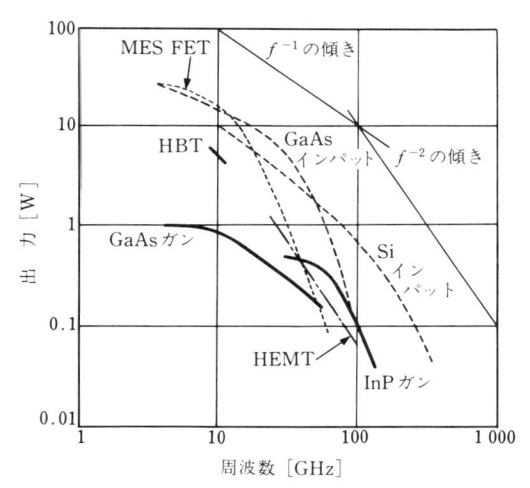

図9・13 マイクロ波半導体デバイスの出力(CW)と周波数

[**例題9・1**] ガンダイオードで長さ $l = 10\ \mu$m，ドメインの最大電界 F_D の速度 $v(F_D) = 100\ \mathrm{km/s}$ とすれば，発振周波数 f はいくらか．

[**解**] 式(9・3)に数値をいれると，τ_D を振動周期として

$$f = \frac{1}{\tau_D} = \frac{v(F_D)}{l} = \frac{100 \times 10^3}{10 \times 10^{-6}} = 10 \text{ GHz}$$

[例題 9・2] ドリフト域の長さ l が 5 μm のインパットダイオードで，電子速度 $v_{SAT} = 100$ km/s のとき，発振周波数を求めよ．

[解] ドリフト域の走行時間を $\tau_{IM} = l/v_{SAT}$ とおいて，式 (9・6) から

$$f = \frac{1}{2\tau_{IM}} = \frac{v_{SAT}}{2l} = \frac{100 \times 10^3}{2 \times 5 \times 10^{-6}} = 10 \text{ GHz}$$

演 習 問 題

1. インパットダイオードで，ドリフト域の長さ l が 4 μm，飽和速度 v_{SAT} が 100 km/s とすれば，発振周波数 f はいくらか．
2. 下記を説明せよ．
   ガン効果，高電界ドメインの発生，インパットダイオードのインピーダンス（図 9・12）．

10章 フォトニックデバイス

　電子のエネルギーをフォトンのエネルギーに変換したり，情報を伝送する光波を電気信号に変えるデバイスが，フォトニックデバイス (photonic device) である．このデバイスが用いられる波長帯は，電磁波の中の光波帯である．とくに可視光域 (波長 0.4〜0.7 μm) と赤外線 (0.7 μm〜1 mm) を中心に，スペクトルを示すと，図 10・1 となる．また図 10・2 に，波長 [μm] とフォトンエネルギー [eV] との関係を与えた．

　フォトニクス (photonics) は，フォトン (photon) を用いる工学であり，オプトエレクトロニクス (optoelectronics) とともに，よく用いられる．またフォトニクスと同じような表現が，最近ほかの分野でも使用されている．たとえばフォノン (phonon) を用いる工学はフォノニクス (phononics)，エキシトン (exiton) を使用する場合はエキシトニクス (exitonics) などである[*]．

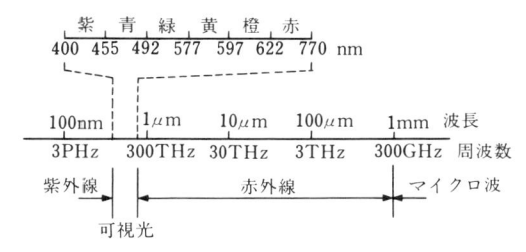

図 10・1　可視光と赤外線のスペクトル
(1 μm = 10^{-6} m, 1 nm = 10^{-9} m, 1 GHz = 10^9 Hz, 1 THz = 10^{12} Hz, 1 PHz = 10^{15} Hz)

---

[*] 江崎玲於奈：私の研究遍歴—量子電子デバイス—，第2回電気通信フロンティア研究国際フォーラム，1990年10月．

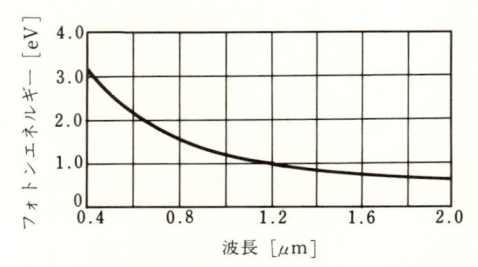

図10・2 波長とフォトンエネルギーの関係

10・1 光の吸収

　光が半導体に入射すると，その一部が入射面で反射され，内部にはいる．さらにその一部が半導体に吸収され，残りが透過光として外部へでる．図10・3において，ある位置 z の光強度 [W/m^2] を $I(z)$ とすれば

$$\frac{dI(z)}{dz} = -\alpha I(z) \tag{10・1}$$

が成立する．$I(z)$ は，単位面積を毎秒通過するフォトン数と考えてもよい．$Z=0$ の光強度を $I(0)$ とおくと，式 (10・1) から

$$I(z) = I(0)\exp(-\alpha z) \tag{10・2}$$

となる．α は吸収係数 (absorption coefficient) とよばれ，波長の関数である．その単位は，一般に cm^{-1} が用いられる．

　入射光 (周波数 f) のフォトンエネルギー hf が，エネルギー・ギャップ E_G より大きいと吸収が起こる．これを基礎吸収 (fundamental absorption) といい，$hf = E_G$ [eV] に対応する波長を λ_A とすれば，式 (8・14) と同様に

$$\lambda_A = \frac{1.24}{E_G} \quad [\mu m] \tag{10・3}$$

となり，基礎吸収端 (fundamental absorption edge) とよばれる．

　基礎吸収には，伝導電子がフォトンによって直接励起される直接遷移 (direct

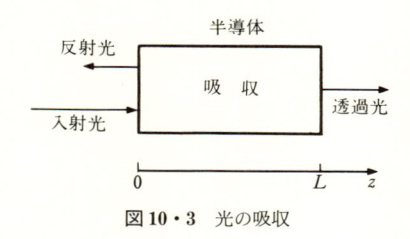

図10・3 光の吸収

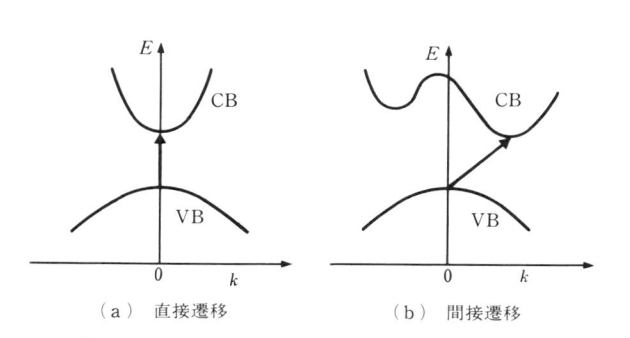

(a) 直接遷移   (b) 間接遷移

図 10・4 吸収の遷移，CB：伝導帯，VB：価電子帯   図 10・5 吸収係数の波長特性

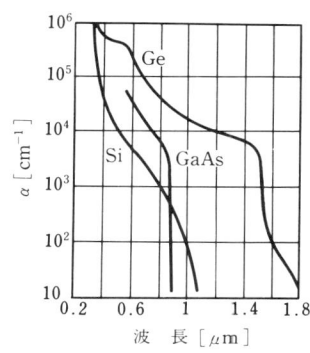

transition）と，励起されるとき，波数 k が変化する間接遷移（indirect transition）とがある．これらは Ek 曲線の形によってきめられる．たとえば，GaAs は直接遷移で，Ge や Si は間接遷移で光を吸収する（図 10・4）．

いくつかの半導体について，吸収係数の波長特性を図 10・5 に示す．GaAs の α は，直接遷移のため，波長に対して急激に変化し，Si や Ge の α は，間接遷移のため，ゆるやかに変化する．また自由キャリアによって吸収が起こる．たとえば，あるエネルギー帯内の自由電子は，入射光の電界によって，その運動エネルギーが増加し，より高いエネルギー準位に励起される．このような自由キャリアによる吸収は，電子と格子原子との衝突緩和時間 0.1 ns 程度より長い周期の光波，すなわち赤外線域で認められる．

10・2 光 の 放 出

(1) 自 然 放 出

半導体の価電子帯にある電子が，外部からエネルギーを得て，伝導帯に励起されたとしよう（図 10・6）．この電子は熱平衡よりはずれているから，そのエネルギー

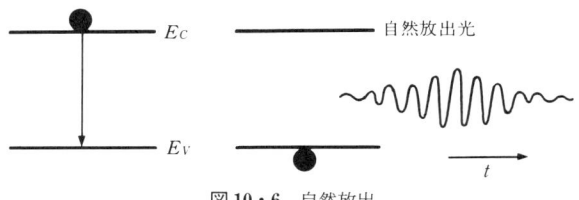

図 10・6 自然放出

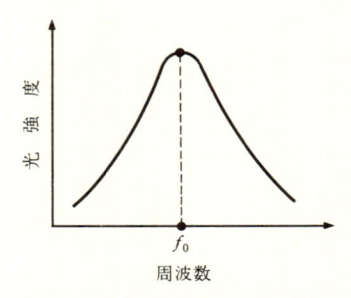

図 10・7 自然放出光の周波数特性

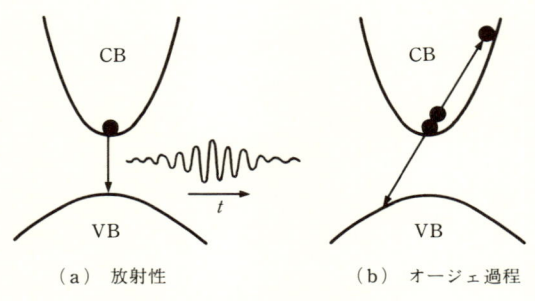

図 10・8 放射とオージェ再結合
（a）放射性　（b）オージェ過程

を放出して価電子帯へもどり，安定な状態になろうとする．再結合するとき，$E_c - E_v = E_G$ [eV] に等しいエネルギーをもつフォトンが放出される．この場合，フォトンの周波数 f_0 [THz] と真空中の波長 λ_0 [μm] は，式 (10・3) と同様に

$$f_0 = 242 E_G \quad [\text{THz}] \tag{10・4}$$

$$\lambda_0 = \frac{1.24}{E_G} \quad [\mu\text{m}] \tag{10・5}$$

である．このような光を自然放出 (spontaneous emission) による光という．電子が励起され，正孔と共存する状態の寿命は，数 ns 程度であるから，自然放出光は，図 10・6 のような波形（時間域）を示し，その周波数特性は図 10・7 となる．

さらに準位 E_v と E_c にある電子密度を，それぞれ n_1 および n_2 とすれば，熱平衡では，E_v の電子は，熱エネルギーのため上の準位 E_c に励起され，E_c にある電子は，自然放出により下の E_v へ移り平衡を保つ．したがって，n_1 と n_2 には

$$\frac{n_2}{n_1} = \exp(-E_G/k_B T) \tag{10・6}$$

の関係が成立し，ボルツマン分布を示す．k_B はボルツマン定数，および T は温度 [K] である．室温の場合，$k_B T$ は 30 meV 程度であるから，E_G が 1 eV 程度の半導体では，$n_2 \fallingdotseq 0$ となる．

再結合は，図 10・8(a) のように発光を伴う放射再結合 (radiative recombination) と，同図 (b) のような発光しない非放射再結合 (non-radiative recombination) にわけられる．同図 (b) は，2 個の電子が衝突し，それぞれのエネルギーと運動量が反対に変化して遷移し，エネルギーと運動量が保存される．これはオージェ再結合 (Auger recombination) ともよばれ，光を放出しない．放射性再結合には，吸収の場合と同じように (図 10・4)，2 種類の遷移がある．しかし間接遷移の発生する確率は，直接遷移にくらべて一般に小さい．

(2) 誘導放出

準位 E_C に励起された電子に，周波数 $f_0 = E_G/h$ の入射光が作用すると，電子は下の準位 E_V に遷移し，入射光と同じ位相・周波数および偏波面の光を放出する．これが誘導放出 (induced emission, stimulated emission) である（図 10・9）．

電子を励起状態におくためには，外部からエネルギーを供給する必要があり，これをポンピング (pumping) という．E_V にある電子の寿命が長く，E_V へ移るのに数 ns 程度かかるとする．n_1 と n_2 を，それぞれ E_V と E_C の電子密度とすれば，常にポンプされていると，$n_2 \gg n_1$ の状態が得られる（図 10・10）．このように，多くの電子が高い準位 E_C に存在する現象は，熱平衡と反対なので，反転分布 (population inversion) という．またこの状態は，ボルツマン分布の式 (10・6) で T を負とすることに相当するから，負温度 (negative temperature) の状態ともいう．したがって E_V にある電子は，hf_0 のエネルギーを吸収して E_C に励起され，同時に E_C にある電子は，誘導放出により f_0 の光ができる．しかし $n_2 \gg n_1$ であるから，誘導放出が吸収にくらべてかなり多くなり，光が増幅される．

負温度にある半導体の両端は，図 10・11 のように，反射鏡 (mirror) となっているから，光共振器 (optical resonator) を構成する．したがって光は反射をくりかえし，正帰還 (positive feedback) によって増幅される．利得が増加し，系の損失より大きくなると，周波数 f_0 の発振となる．これは Light Amplification by

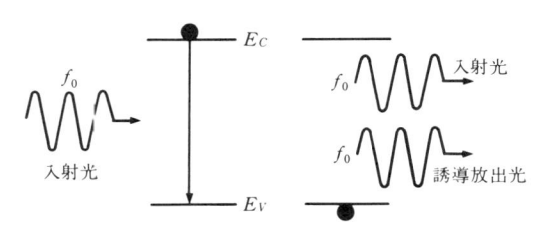

図 10・9 誘導放出 ($hf_0 = E_C - E_V$)

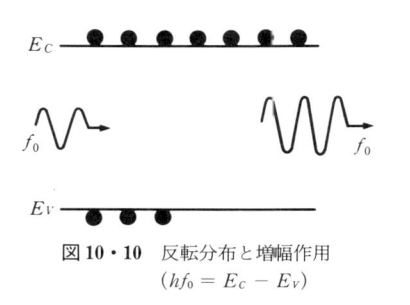

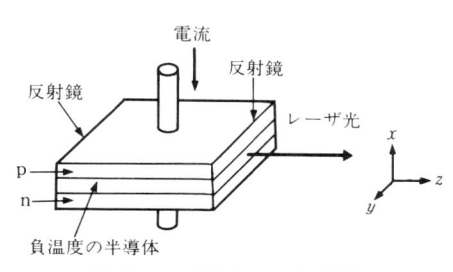

図 10・10 反転分布と増幅作用
  ($hf_0 = E_C - E_V$)

図 10・11 半導体レーザの構成

Stimulated Emission of Radiation とよばれ，その頭文字をとってレーザ (laser) という．レーザ光は，自然放出光にくらべて，位相がそろっているので干渉しやすい性質をもつ．このように位相がそろうことをコヒーレント (coherent) な波といい，その度合いをコヒーレンス (coherence) とよぶ．これに対して自然放出光は，その位相や振幅が不規則に変化しており，インコヒーレント (incoherent) な波である．太陽や電灯の光はインコヒーレントな波であるが，これまでの電子デバイスで扱ってきた電磁波は，ほぼ完全にコヒーレントであるとした理想的な波である．

10・3 発光ダイオード

　順バイアスのpn接合に，少数キャリアを注入し，狭い空乏層内の再結合で発生する自然放出光を用いるデバイスが，発光ダイオード (light emitting diode, LED) である．たとえば，テレビジョンなどで電源をいれると，赤色や緑色に光るインディケータに用いられる．このような発光デバイスは使用する半導体と構造は用途で異なり，可視光域の表示用LEDと，赤外線域の情報伝送用LEDにわけられる．

(1) 発光の原理

　不純物密度がかなり高くなると，フェルミ準位 E_F が，p形では価電子帯の中に，n形では伝導帯の中にはいる．たとえば，GaAsに不純物テルルTeなどを多く加えると，自由電子が伝導帯中に常に存在するn形となる．また亜鉛Znをドープすると，価電子帯に自由正孔をもつp形となる．したがって熱平衡におけるpn接合のエネルギー準位は，図10・12(a)となる．順バイアス $V \fallingdotseq E_G/q$ を与えると同図(b)のように，n域のフェルミ準位 E_{FC} は，p域のフェルミ準位 E_{FV} にくらべて qV だけあがる．したがって電子がn側からp域へ，正孔はp側からn域へ，それぞれ少数キャリアとして注入されるが，不純物が多いため電流値は大きい．また狭い空乏層には，電子と正孔が共存するから，数nsの寿命で再結合し，自然放出光が得られる．これはエレクトロルミネッセンス (electroluminescense) とよばれ，LEDはこの原理を用いている．

(2) 表示用LED

　人間の目は，およそ波長400～700 nm (3.3～1.8 eV) の範囲に明るさを感じる

10・3 発光ダイオード **135**

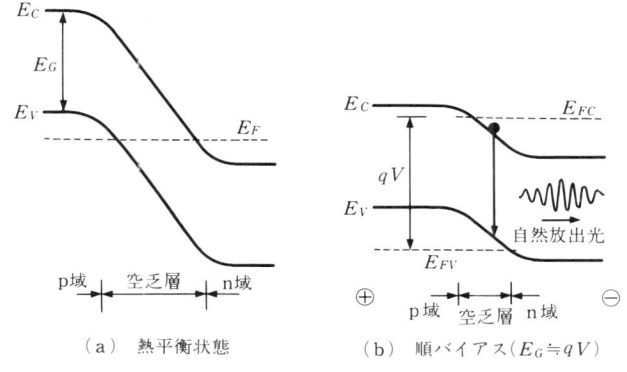

（a）熱平衡状態　　（b）順バイアス（$E_G ≒ qV$）

図10・12　pn接合の自然放出光（不純物密度のきわめて高い場合）

が，その感度は波長に対して一様でない．波長555 nm（2.23 eV）の緑色に対し，感度が最大で，その値はおよそ 683 lm/W である．lm はルーメン（lumen）であり，光束（luminous flux）の単位を示す．すなわち波長555 nm の場合，1 W = 633 lm となる．この最大値を1とし，ほかの波長の感度を相対値 $V(\lambda)$ で示すと，これはスペクトル比視感度（spectral luminous efficiency）とよばれ，その曲線は図10・13で与えられる．

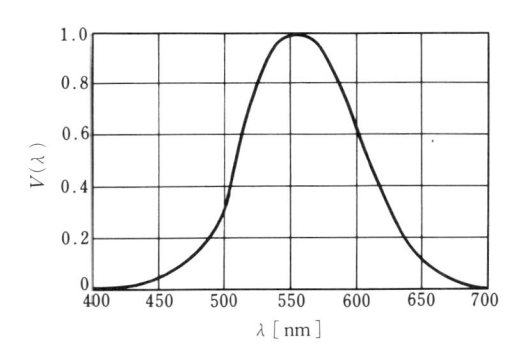

図10・13　比視感度曲線

発光スペクトルの中心波長 λ_0 は，式（10・5）のように，半導体材料のエネルギー・ギャップできめられるから，表示用 LED としては，$E_G \geqq 1.8$ eV が必要であり，2.23 eV（555 nm）に近くなると，輝度（luminance）の高い LED となる．

表示用 LED のいくつかの例を，表10・1に示す．同表の η_P は，電力変換効率（power conversion efficiency）であり，電気的入力 [W] に対する光出力 [W] の比である．また η_L は比視感度曲線を考慮した発光効率（luminous efficiency）であり

表 10・1　表示用 LED

発光色	LED/基板	波長 λ [nm]	電力変換効率 η_P [%]	発光効率 η_L [lm/W]
緑	GaP/GaP	555	0.1	0.68
黄	$GaP_{0.85}As_{0.15}/GaP$	589	0.13	0.68
橙	$GaP_{0.65}As_{0.35}/GaP$	632	0.32	0.5
赤	$Al_{0.35}Ga_{0.65}As/GaAs$	665	3.5	1.2

$$\eta_L = K(\lambda)\eta_P \quad [\text{lm/W}] \tag{10・7}$$

で与えられる．λ は波長，$K(\lambda)$ はスペクトル視感度 (spectral luminous efficacy) といい，単位は lm/W である．したがって，$K(\lambda)$ と $V(\lambda)$ は

$$V(\lambda) = \frac{K(\lambda)}{K_M} \tag{10・8}$$

の関係にある．$K(\lambda)$ は 555 nm (540 THz) で最大値 $K_M = 683$ lm/W をもつ．この K_M は，最大スペクトル視感度 (maximum spectral luminous efficacy) とよばれる．

　透明なガリウム・りん GaP 基板に，ガリウム・りん・ひ素 GaPAs の pn 接合を設けた LED の基本構造を図 10・14 に示す．基板上に気相エピタキシ法 (vapor phase epitaxy, VPE) か，液相エピタキシ法 (liquid phase epitaxy, LPE) によって，エピタキシャル成長させ結晶性のよい n 形層と p 形層を形成している．発光スペクトルは比視感度曲線に似ており，半値全幅は中心波長 λ_0 の値によって異なるが，20〜100 nm 程度である．実際のデバイスは，窓とレンズがとりつけられており，その指向特性の一例を図 10・15 に示した．光ビームの半値全幅はほぼ 22 度である．順バイアス電圧は 1 V 前後と低く，電流は 1〜10 mA で比較的大き

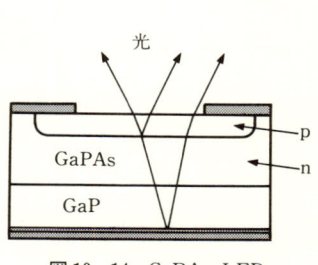

図 10・14　GaPAs LED

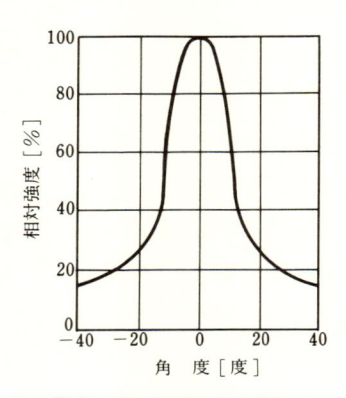

図 10・15　LED の指向特性

い．また単位立体角あたりの出力が 500 μW/sr 程度のものが多い．この LED は，高信頼性・長寿命・高速応答 (ns ほど) および可視域の発光などの特長をもつので，表示用として多量に使われている．

(3) 情報伝送用 LED

高信頼性・経済性と良好な温度特性により，主に 100 Mb/s 程度までの，中距離光通信システムの光源としてひろく用いられる．使用される半導体は，短波長帯用 (0.7〜0.9 μm) としてアルミニウム・ガリウム・ひ素 AlGaAs 系，および長波長帯用 (1.0〜1.6 μm) として，ガリウム・インジウム・りん・ひ素 GaInPAs 系である．図 10・16 に端面発光形の AlGaAs LED を示す．この形式は，面発光形にくらべて，指向性は高く発光面積が狭い．再結合により発光する領域は，p 形 $Al_xGa_{1-x}As$ の薄い部分 (1 μm より小さい厚さ) であり，活性層 (active region, lasing region) とよばれる．この両側は，p 形と n 形の $Al_{x'}Ga_{1-x'}As$ と接合しており，クラッド層 (cladding layer) という．成分比は $x' > x$ であり，クラッド層の E_G は活性層のそれより大きい．たとえば活性層とクラッド層の E_G を，それぞれ 1.5 eV，1.85 eV とすれば，順バイアスされたエネルギー帯図は図 10・17 となる．クラッド層から，電子と正孔が活性層に注入され，それらは同図のポテンシャ

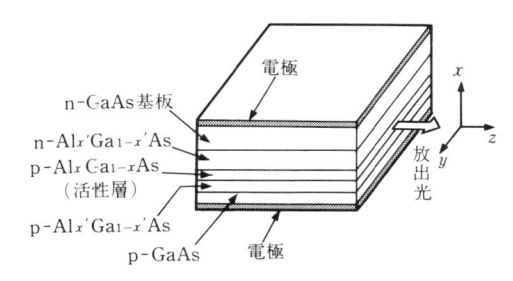

図 10・16 短波長用端面発光形 AlGaAs LED の例 ($x < x'$)

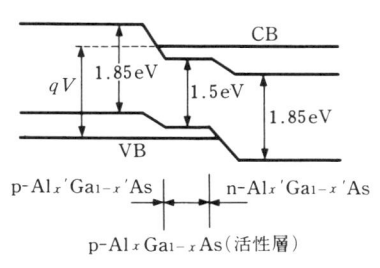

図 10・17 順バイアスされた AlGaAs DH LED のエネルギー帯図 ($x < x'$)

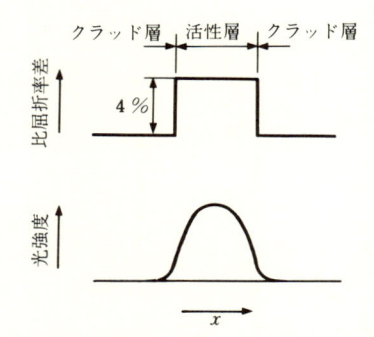

図10・18 AlGaAs DH LED のモード閉じ込め

ル障壁によって同層内に閉じ込められる．これをキャリアの閉じ込め(carrier confinement)といい，このような接合をダブルヘテロ接合(double heterojunction, DH)とよぶ．この構造のウェーハは，液相や気相のエピタキシ法でつくられる．また $Al_xGa_{1-x}As$ の格子定数は，x によってあまり変化しないから，基板 GaAs のそれにほぼ一致し，格子整合(lattice matching)がよくとれる．

活性層とクラッド層の屈折率を，それぞれ n_L および n_C とおき，$x = 0.1$，$x' = 0.3$ とすれば，波長 900 nm のとき，$n_L = 3.52$，$n_C = 3.38$ であるから，$\varDelta = (n_L - n_C)/n_L \fallingdotseq 4\%$ となる．この $\varDelta$ は比屈折率差(fractional index difference)とよぶ．すなわち活性層の屈折率は約 4% ほど高いから，発生した自然放出光は同層内を導波される(図10・18)．このような現象を光モードの閉じ込め(mode confinement)という．

活性層の寸法は，前述の図10・16 の場合，厚さ $0.1 \sim 0.4$ μm，幅 $5 \sim 10$ μm および長さ $200 \sim 300$ μm 程度である．光出力は低いが，放射する角度が小さく，また発光する領域も小さいから，コア径が数 μm 程度の細い光ファイバへの結合効率は高い．$Al_xGa_{1-x}As$ LED における，電流と光ファイバ出力との直線性は良好であり，アナログ伝送用として適している．活性層の成分比 x を変化して，700～900 nm の発振波長が得られ，スペクトルの半値全幅は 40 nm 程度である．

活性層として，4元化合物 $Ga_xIn_{1-x}P_yAs_{1-y}$ を用いた面発光形 LED の例を図 10・19 に示す．クラッド層は，p および n 形の InP で構成される．基盤 InP に格子整合するように，Ga の成分比 x と As の成分比 $1-y$ を変えると，波長 1.1～ 1.6 μm の発光が得られる．活性層の厚さは 1～2 μm であり，$1-y = 0.88$ の場合，その E_G は 0.8 eV となり，クラッド層の InP の E_G は 1.35 eV である．したがって電子・正孔が，狭い活性層に閉じ込められる．また波長 1.55 μm に対する

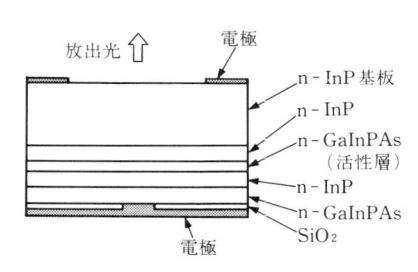

図 10・19　長波長用面発光形 GaInPAs DH LED の例

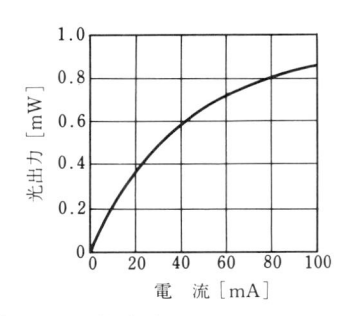

図 10・20　面発光形 GaInPAs DH LED の電流と光出力の関係（$\lambda = 1.3\ \mu m$）

屈折率は，活性層（$1-y = 0.88$ とする）およびクラッド層は，それぞれ 3.54 と 3.16 であるから，比屈折率差が 10 ％ 程度となる．それで光が閉じ込められ，特性がよい光導波路(optical waveguide)となる．電流と光出力の関係の一例を図 10・20 に示した．低いレベルでは，光出力が電流にほぼ比例するが，電流が多くなると，発光部分の温度上昇により，効率が低下して飽和特性を示す．発光スペクトルの広がりは，中心波長 1.3 μm で半値全幅が 100 nm 程度，1.5 μm で 150 nm ほどである．

情報伝送用 LED の電圧は 2～3 V，電流は 10～100 mA である．その応答特性は，注入キャリアの寿命に依存するが，AlGaAs, GaInPAs いずれの場合においても 32 Mb/s 程度である．さらに活性層のドーピング密度を高くしたり，発光の直径を小さくすると，100 Mb/s の高速応答が得られる．

10・4　レーザダイオード

(1) 発振の原理

ダブルヘテロ接合の狭い活性層が，直接ギャップ半導体であるとし，順バイアスされたエネルギー帯図を図 10・21 のようにおく．活性層を通過する光波の周波数が f_1 の場合 $E_G < hf_1 < E_{FC} - E_{FV}$ の条件を満たしていると，電子が満ちている伝導帯(CB)から，空いている価電子帯(VB)へ誘導放出が起き，f_1 の光波は増幅される．また $hf_2 < E_{FC} - E_{FV}$ を満たす周波数 f_2 の光波に対しては，吸収が起きる．したがって光波が誘導放出で増幅されるには，その周波数 f について

$$E_{FC} - E_{FV} > hf > E_G \tag{10・9}$$

の条件が必要である．

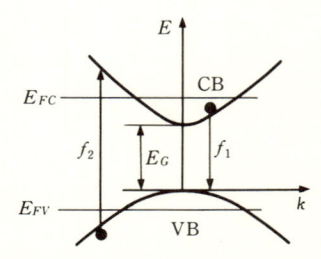

図10・21　誘導放出による増幅の説明 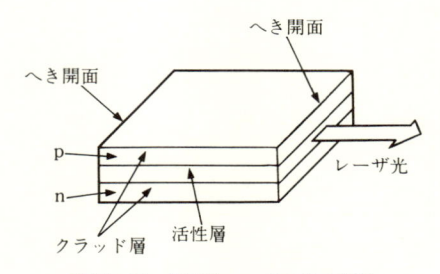　　図10・22　半導体レーザの光共振器

　伝導帯内に注入された電子は，0.1 ps 程度の時間で準平衡状態となり，つぎに ns 程度の寿命で再結合し消滅する．その結果，自然放出光が得られる．この光は多くの周波数成分をもつが，ある周波数 f が式 ($10・9$) を満足していると，この成分は誘導放出により増幅される．この場合，吸収も同時に起きるが，その電子数はきわめて少ない．さらにこの成分は，活性層両端のへき開面 (cleavage plane) で構成される光共振器内で多重反射を繰り返し，反転分布状態にある活性層に正帰還する (図10・22)．へき開面の光強度反射率 (単位面積あたり光電力の反射率) は，30 % 程度である．順方向電流がしきい値より多いと，利得が損失より大きくなり，レーザ発振が起こり，さらに利得と損失がつり合ってレーザ発振が持続 (sustain) する．したがって，このような半導体レーザは，レーザダイオード (laser diode, LD)，pn 接合レーザ (pn junction laser) または注入レーザ (injection laser) とよばれる．

　広く使用されている DH レーザダイオードは，情報処理用 (0.7～0.9 μm) の AlGaAs LD と，情報伝送 (1.1～1.6 μm) の GaInPAs LD に大別される．

　LD の共振器は，結晶両端のへき開面の平行性を，そのまま1組の反射鏡として用いた，ファブリ・ペロー共振器 (Fabry-Perot resonator, FP 共振器) である (図10・23)．レーザ発振すると，z 方向に定在波が発生し縦モードが形成される．共振器の長さを L_D，活性層の屈折率を n および空気中の波長を λ_m とおけば，活性層内の半波長 $\lambda_m/2n$ の整数倍が L_D に等しいから，

$$L_D = \frac{m\lambda_m}{2n} \qquad (10・10)$$

である．ここで m は整数であり，かなり大きい値となる (文献 24 参照)．

（2）情報処理用 LD

　短波長帯の AlGaAs DH LD を説明しよう．この発光デバイスは，超小形・長

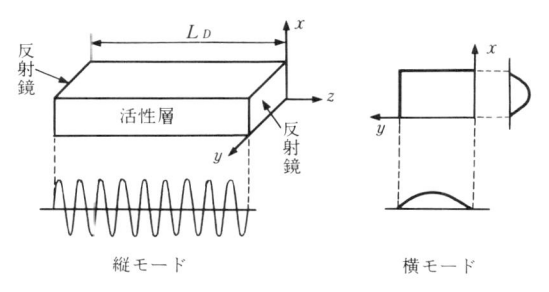

図10・23 ファブリ・ペロー共振器内のモード分布

寿命・低消費電力・直接変調可能・高効率の特長をもつので，応用範囲が広い．オーディオディスク (audio disk)，ビデオディスク (video disk)，メモリディスク (memory disk) およびレーザプリンタ (laser printer) などの情報処理用の光源として広く用いられる．

このLDの模式的な構造を図10・24に示す．n-GaAs 基板の下に，活性層 $Al_xGa_{1-x}As$ とクラッド層 $Al_{x'}Ga_{1-x'}As$ のダブルヘテロ接合が，エピタキシャル成長される ($x < x'$). 10・3節で述べたように，Alの成分比 x を変えても，混晶における格子定数の変化がきわめて小さいので，すぐれたヘテロ接合が形成される．また活性層の x を $0 \sim 0.3$ に変化すると，発振波長を $870 \sim 700$ nm の範囲に選定できる．さらにクラッド層は，x' を $0.3 \sim 0.8$ の範囲に選ぶと，活性層にくらべて E_G は大きく，屈折率は小さくなる．したがってキャリアと光が，活性層によく閉じ込められる．p側電極表面の p-GaAs は，キャップ層 (cap layer) とよばれ，電極の接触抵抗を少なくする．結晶両端のへき開面 (xy 平面に平行) は，反射鏡となり，長さ $200 \sim 300\,\mu$m (z 方向) の光共振器を構成する．また同図の各部分

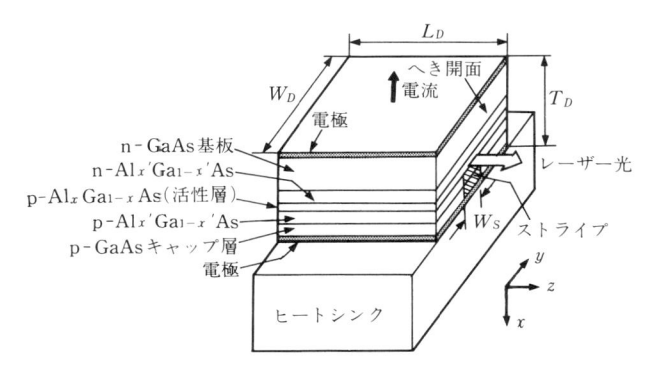

図10・24 AlGaAs DH レーザの構造例

の寸法は，わかりやすく描いており実際の値と異なる．一般には $L_D = 200 \sim 300$ μm, $W_D = 100 \sim 200$ μm および $T_D = 100$ μm 程度である．また厚さは，クラッド層が $2 \sim 5$ μm および活性層が 0.2 μm ほどである．マウントは，キャップ層側を，銅などのヒートシンク（同図では相対的に小さく書いてある）に接触させて構成する．

　順方向電流を電極の全面積 $L_D W_D$ に流して励起すると，材質が不均一なため，かなり高い電流値でも，活性層の全面積で一様に発振しない．またへき開面からでるレーザ光の位置が定まらない場合もある．これを防ぐため，ストライプ(stripe)状の電流通路（幅 W_S）を設ける（図10・24）．電流は面積 $L_D W_S$ を流れるから，活性層内の利得の高い部分が，ストライプに対応したところに限られ，その部分で発振する．ストライプは，亜鉛 Zn などの不純物を拡散して形成される．幅 W_S は5 ~ 8 μm 程度であり，電流のしきい値は，ストライプがない場合の値の10％程度に減少する．このようなストライプ構造のDHレーザは放熱しやすく，活性層の温度上昇を抑える点でも有利である．

　したがって，注入キャリアと光の閉じ込め作用をまとめると，図10・24において，x 方向ではダブルヘテロ接合により行われ，y 方向ではストライプで達成される．このような電流分布によるストライプ構造で，光導波路が形成される方式は，利得導波形(gain guiding structure)とよばれる．xy 平面で模式的に示すと図10・25(a)となる．しかしこの形式は，注入電流の大きさで電流分布が変化する．その結果，反射鏡面における電界の y 方向定在波，つまり横モード(transverse mode)が不安定となる．また電流しきい値も，いくぶん高くなり，2つの鏡面間(z 方向)の電界の定在波，つまり縦モード(longitudinal mode)の数も多くなる．これに対して図10・25(b)は，活性層の y 方向の両側が，Alの成分比 x が大きい $Al_xGa_{1-x}As$ で埋め込まれている．これは，埋め込みヘテロ構造(buried heter-

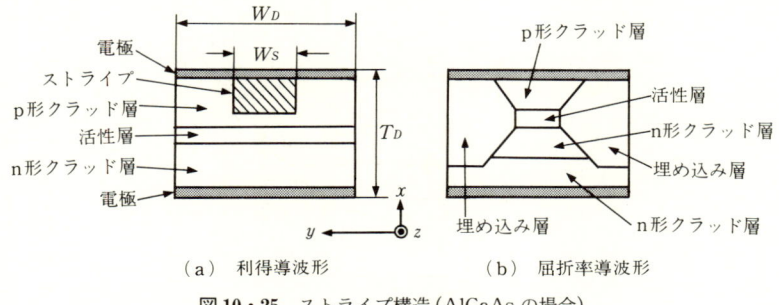

図10・25　ストライプ構造（AlGaAs の場合）

（a）利得導波形　　　　　（b）屈折率導波形

ostructure, BH) といい, この部分の E_G が大きく, 屈折率は小さいので, キャリアと光が y 方向によく閉じ込められる. またこのようなストライプ構造は, 屈折率導波形 (index guiding structure) とよばれ, 横モードが安定となり, 電流のしきい値も低く, ほぼ単一の縦モードで発振する (図 10・23).

(3) 情報伝送用 LD

石英系ガラス光ファイバは, 1.3 μm 帯で低分散性 (屈折率と群速度は, 波長を変えても, ほとんど変化しない), および 1.5 μm 帯で低損失 (0.2 dB/km 程度) の優れた特性を示す. したがって, これらの波長帯で発振する高信頼性の $Al_xGa_xIn_{1-x}P_yAs_{1-y}$ LD が, 長距離・大容量の光ファイバ通信システムに情報伝送用レーザとして使用される.

活性層は GaInPAs を, クラッド層には InP を用いる LD は, 埋め込みヘテロ構造をもち, 活性層の成分比を変えて, 波長 1.1～1.6 μm の発振が得られる. 構造の一例を図 10・26 に示す. ストライプの外側は, InP の n 形と p 形の埋め込み層, および n 形のクラッド層で npn 接合を形成するから, 電流は流れない. また活性層の左右は, InP であるから屈折率が低いため, 結局 y 方向についても, x 方向と同じように, 電子・フォトンが活性層に閉じ込められる. 同層の x と y 方向の厚さは十分小さくして, それぞれ 1 つの横のモードが導波される (図 10・23).

図 10・27 に電流と光出力の関係を示した. I_T は 30 mA より低く, 消費電力が少ない. 一般に電圧は 2～3 V, 電流は 10～200 mA で, 光出力が 3～50 mW である. 活性層の成分比を変化することにより, 1.3 μm 帯スペクトルもしくは 1.5

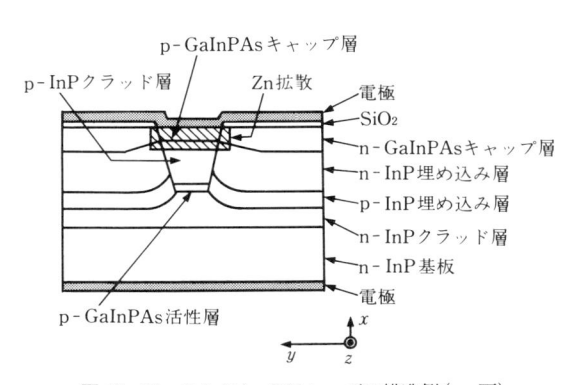

図 10・26　GaInPAs DH レーザの構造例 (xy 面)

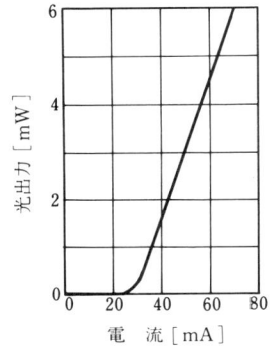

図 10・27　GaInPAs LD の電流・光出力特性の例 ($\lambda = 1.3$ μm)

μm 帯スペクトルが得られる．ともに縦モードはほぼ1本に近い．

これまで述べてきたLEDとLDを，発光デバイスとしてまとめると，表10・2となる．

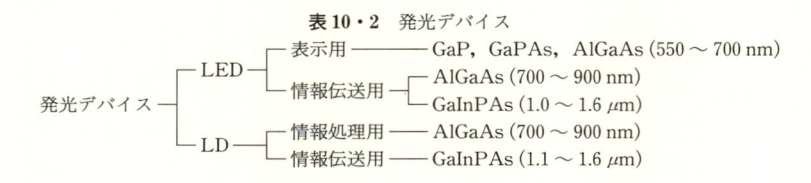

表10・2 発光デバイス

```
                    ┌ LED ┬ 表示用 ──── GaP, GaPAs, AlGaAs (550〜700 nm)
                    │     └ 情報伝送用 ┬ AlGaAs (700〜900 nm)
発光デバイス ──┤                     └ GaInPAs (1.0〜1.6 μm)
                    └ LD  ┬ 情報処理用 ── AlGaAs (700〜900 nm)
                          └ 情報伝送用 ── GaInPAs (1.1〜1.6 μm)
```

10・5 光波の変調と検波

信号を光波で伝送するために，光波のパラメータを，その信号で変化することを変調(modulation)という．パラメータは，振幅あるいは，強度，周波数および位相などであるが，ここではディジタルおよびアナログの強度変調について考察する．光変調器(optical modulator)は，表10・3と図10・28に示したように，3つにわけられる．電気光学変調器(electrooptic modulator, EO変調器)は，KDPとよばれるりん酸二水素カリウム KH_2PO_4 などの結晶に，振幅変調された電圧を加えると，その屈折率が変化し，通過するレーザが強度変調光に変換される．また音響光学変調器(acoustooptic modulator, AO)は，モリブテン酸鉛 $PbMoO_4$ などの結晶を，強度変調された超音波が伝搬すると，屈折率が変化し，入射光が強度変調される．EO変調器は，高速・広帯域の変調が可能なので，光通信システムに用いられるが，変調電圧は高い．またAO変調器は，変調電圧がきわめて低く簡便なので，レーザプリンタやレーザファクシミリなどの情報処理機器

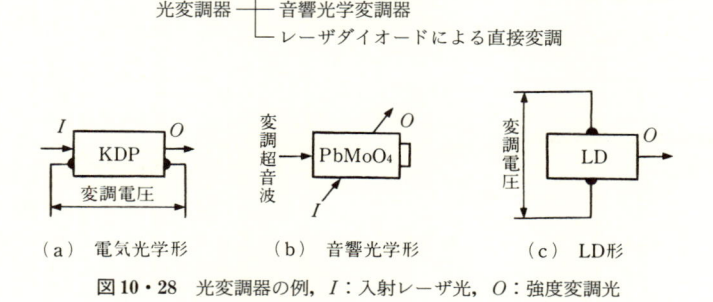

表10・3 光波の変調

```
              ┌ 電気光学変調器
光変調器 ──┼ 音響光学変調器
              └ レーザダイオードによる直接変調
```

(a) 電気光学形　　(b) 音響光学形　　(c) LD形

図10・28 光変調器の例，I：入射レーザ光，O：強度変調光

10・5 光波の変調と検波

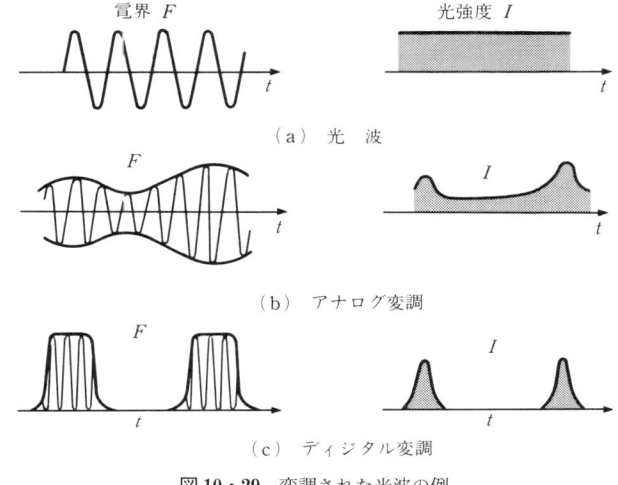

電界 F　　　　　　　　光強度 I

(a) 光波

(b) アナログ変調

(c) ディジタル変調

図 10・29　変調された光波の例

に使用される．

　レーザダイオードによる直接変調は，注入電流に変調信号を加えると，光出力もそれに応じて変わる方式である．順バイアスは 2〜3 V であり，低電圧・低電力の変調が特長である．光の変調波の例を図 10・29 に示す．

　光ファイバ通信でも光信号を長距離伝送すると変調された光信号の強度が弱まりデータが判別できなくなる．エルビウム Er をドープした光ファイバに，波長 1.55 μm の光波が入射されると増幅される．これは Er ドープ光ファイバ増幅器 (Erbium-doped fiber amplifier) と呼ばれ，弱くなった光信号を光のまま増幅することができ，広帯域 (500 GHz〜4 THz) で利得 40 dB，出力 100 mW および雑音指数 3〜5 dB ほどである．レーザ光増幅器には，この他にもラマン増幅形の光ファイバ増幅器や半導体レーザ増幅器 (semiconductor laser amplifier, SLA) などがある．

　光の検波 (detection) は，信号を伝送する光波のエネルギーを，電気信号に変換して，そのレスポンスをエレクトロニクスの方法で測定することである．したがって，光の波長に応じて，高感度であること，応答が速いことつまり周波数特性が広帯域であり，低雑音であること，さらに高信頼性・小形・軽量・低消費電力などの特性が必要である．このような光検波器 (optical detector) にフォトダイオード (photo diode, PD) がある．これはポイントデテクタ (point detector) ともいう．

2次元的な光検出器，すなわちイメージセンサ (image sensor) は，電荷結合デバイス (charge-coupled device, CCD) を用いた CCD 形と，MOS 形にわけられる．これらをまとめると表 10・4 となる (文献 23 参照)．

表 10・4　光波の検波

```
光検出器 ─┬─ ポイントデテクタ ── フォトダイオード
         └─ イメージセンサ ─┬─ CCD 型
                           └─ MOS 型
```

10・6　フォトダイオード

　フォトダイオードは検波用受光デバイスであり，その例を図 10・30 に示す．pn 接合を使用しており，受光面の表面には，透明な絶縁膜が用いられ，反射を少なくしている．逆バイアス $V(<0)$ を加えると，拡散電位が $\Phi_0 + |V|$ と大きくなり，空乏層幅が増加する．このとき少数キャリアが電界で運ばれるから，接合を通過する電流は少なく，電圧に依存せず一定値となる．

　フォトンが入射して空乏層の中央付近で吸収され，フォトンのエネルギーがエネルギー・ギャップにほぼ等しいとする (図 10・31)．発生した電子と正孔は，電界のため互いに反対方向に進み，それぞれ n と p 域へはいる．したがって，外部回路に静電誘導された電荷が時間変化し，誘導電流が流れる．この場合キャリアは，空乏層幅より小さい距離を進むから，電子電荷の値 q だけ誘導電流に寄与する．空乏層内のキャリア速度は，飽和値 100 km/s にほぼ等しい．このように入射フォトンが，空乏層の中央付近で吸収されると，拡散による遅れがないから応答が速くなる．実用的には i 層とよばれる高抵抗率の真性半導体を，p と n 域ではさむ pin 構造が用いられる (図 10・32)．入射フォトンが i 層で吸収され，バイアス電圧はほとんどこの層に加わる．

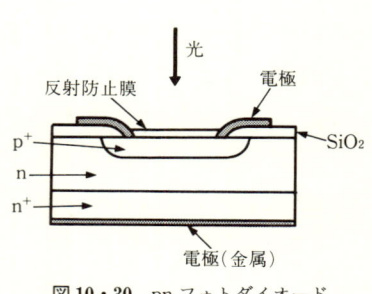

図 10・30　pn フォトダイオード

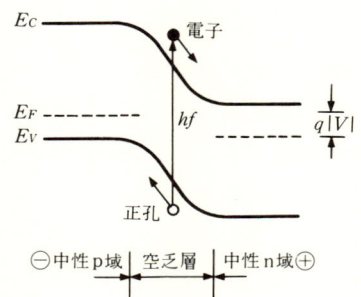

図 10・31　逆バイアス pn 接合のフォトンの吸収

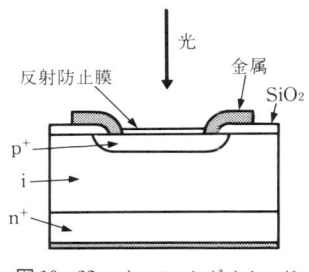

図 10・32　pin フォトダイオード 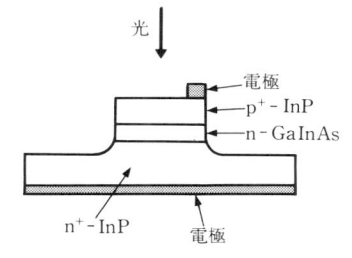　　　図 10・33　p^+-InP/n-GaInAs/n^+-InP DH PD の例

図 10・33 に，p^+-InP，n-GaInAs と n^+-InP のダブルヘテロ接合をもつ PD を示した．エネルギー・ギャップは，インジウム・りん InP が 1.35 eV，ガリウム・インジウム・ひ素 GaInAs が 0.86 eV 程度である．入射光の波長を，これらの間のエネルギーに選ぶと，p^--InP は透明な窓となり，光は容易に透過して GaInAs で吸収される．同図から明らかなように，実質的に pin-PD であり，表面の再結合による損失を少なくできるから，変換の効率が高く暗電流(dark current)も低い．この電流は入射光がなくても，わずかに流れる電流であり，4・2 節に述べた飽和電流にほぼ相当する．また GaInAs 内の空乏層厚さを，吸収係数を考慮して適切に選ぶと，ほとんどのキャリアは同層内で発生し，PD の応答が速くなる．

いま空乏層内の単位面積に到達する，毎秒あたりの平均フォトン数を n_P とし，毎秒あたり発生する電子の平均個数を n_E とすれば，量子効率(quantum efficiency) Q は

$$Q = \frac{n_E}{n_P} \tag{10・11}$$

で定義される．また光入力を P [W] とし，その周波数を f とおくと

$$P = n_P h f \tag{10・12}$$

である．したがって電流 J は

$$J = q n_E = \rho P \tag{10・13}$$

$$\rho = \frac{qQ}{hf} = 8 \times 10^5 Q \lambda \quad [\text{A/W}] \tag{10・14}$$

となる．λ は光の波長，ρ は感度(sensitivity)とよばれ，光入力あたりの電流を示す．代表的な PD 材料における量子効率の波長特性を図 10・34 に示す．それぞれの Q が最大となる波長があり，その最大値は，表面の反射や空乏層幅によって異なる．

実用されている 550〜950 nm 帯の Si-pin-PD は，$Q = 70\%$，小さい暗電流

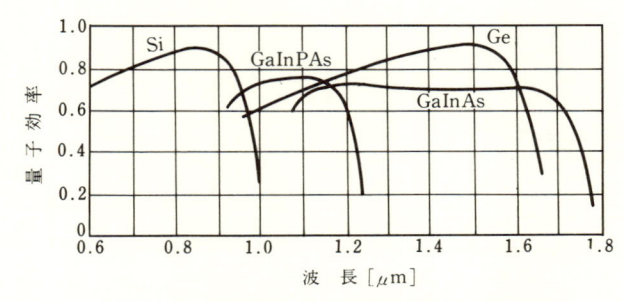

図10・34 フォトダイオード材料の量子効率の波長特性

($I_D < 1\,\text{nA}$)，動作電圧 5～30 V および 1 ns 程度の応答速度である．1.3 μm 帯の Ge-PD は，$Q = 75\,\%$，$I_D = 0.5\,\mu\text{A}$ であり，動作電圧は 20 V より低い．また，1～1.6 μm 帯 p^+-InP/n-GaInAs/n^+-InP の PD（一般に GaInAs pin-PD とよばれる）は，$Q = 80～85\,\%$，$I_D = 0.1\,\text{nA}$，低い動作電圧（< 20 V）であり，応答速度は速く 0.3 ns を示す．

10・7 イメージセンサ

(1) 撮像の原理

イメージセンサは，画像を時系列 (time series) の電気信号に変換するデバイスであり，撮像デバイス (imaging device) ともいう．2 次元的な撮像では，1 チップ（1 cm² 程度）における光の空間的分布を，数十～数百万個の小さい画素 (picture element, pixel) に分解する．それぞれの画素がもつフォトダイオードの機能により，フォトン分布を電荷分布に変換する（図 10・35）．これらの画素の電荷を，きめられた順序にしたがって読みだしていく機能を走査 (scanning) とよび，つぎ

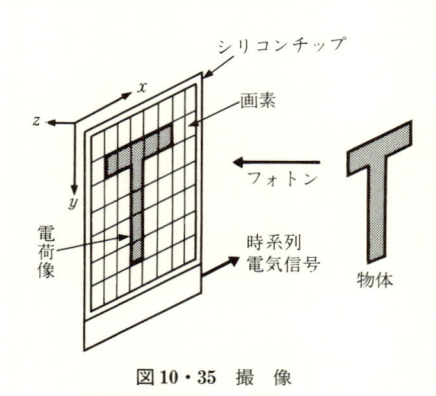

図10・35 撮 像

の2つの方法がある．第1の方法は，画素に対応するMOSダイオードの信号電荷を，つぎつぎと転送し，出力端子から信号をとりだす方法であり，電荷転送(charge transfer)の方式またはCCD形(10・5節参照)とよばれる．第2の方法は，画素がもつMOS FETできり換え，画素1個ずつの信号をとりだすxyアドレス(xy address)の方式またはMOS形という．

1個の画面が，走査で形成される時間を1フレーム(frame，こま)の時間という．テレビジョンの場合，この値は1/30秒である．したがって1個の画素は，はじめに走査された後，1フレーム時間をすぎて再び走査される．この期間も画面にはフォトンがはいるから，それによって発生した電荷を，画素の容量に蓄積(storage)しておく．この電荷は，つぎの走査のとき放出されるから，入射光の利用率が高くなり感度が上昇する．カラー画面の場合，細いストライプ状の3個のフィルタを1組にした色フィルタのアレイ(array)を画素上に構成し，走査しながらそれぞれの色に対する信号を読みだして処理し色信号をつくる．イメージセンサの分解能は，画素の大きさできめられる．高分解能にすると，電極構造および画素分離の点から，一般に低感度となる．また数十万個の画素がそれぞれ独立したフォトダイオードとしてはたらくから，それらの特性が一様でなければならない．

（2） CCDイメージセンサ

図10・36は，p-SiのMOSダイオード(7・4節参照)を用いたCCDの構成を示す．1組3個のダイオードが，画素1個を形成しており，3相構成のCCDイメージセンサとよばれる．MOSダイオードの一例を図10・37に示す．金属のかわりに，薄い多結晶(poly-crystal)のSiをゲート電極としている．りんPなどをドー

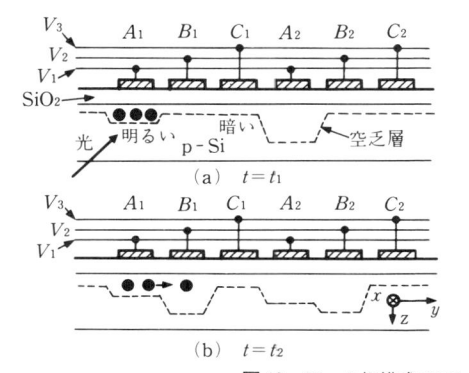

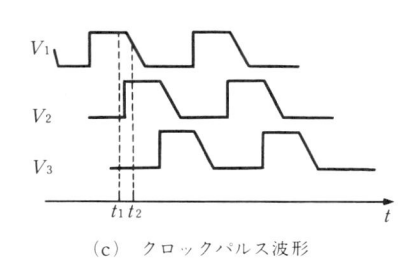

図10・36 3相構成CCDイメージセンサの動作

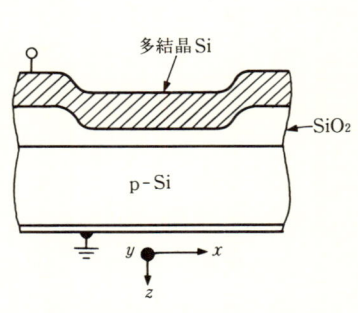

図10・37 MOSダイオードの例

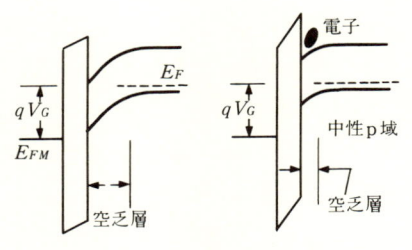

図10・38 MOSダイオードのエネルギー帯図（大きい $V_G>0$ であるが，まだ反転層が形成されていない非定常状態）
(a) 界面に電子がない場合
(b) 界面に電子が集まる場合

プした多結晶Siは導電性がよい．ダイオードの表面は，窒化シリコンSi_3N_4の薄い膜で保護され（同図には描いてない），裏面は薄い金属膜がはられている．Si_3N_4保護膜，多結晶Siゲート，SiO_2絶縁膜およびp-Siは透明であり，入射フォトンはSi内で電子・正孔を発生する．図10・38は，正のゲート電圧を加えた場合のエネルギー帯図を示す．7章の図7・14に与えたMOS構造のエネルギー帯図との差は，つぎの点にある．反転層の形成には，前述したように，ms程度の時間が必要である．したがって図7・14のようすは，ゲート電圧が与えられてから，時間が十分に経過した後の定常状態を示す．しかし図10・38(a)のように，定常状態となる前において，電子が発生しないときの空乏層の厚さは，定常状態の値より広くなる．フォトンがはいりp-Si内に電子が発生すると，図10・38(b)の境界面に集まり空乏層が狭くなる．同時に発生した正孔は下方へ移っていく．また絶縁膜に加わる電圧は，同図(b)のほうが高い．

図10・36(a)でCCDイメージセンサの動作を考察しよう．同図(c)のような電圧波形のクロックパルス(clock pulse)を，それぞれゲートに加える場合を考える．時刻t_1のとき電圧V_1がゲートA_1, A_2, …に与えられる．いまA_1の部分に入射フォトンがあれば，電子が発生して集まるから空乏層幅は狭い．すなわち絶縁膜に加わる電圧が大きく，ポテンシャルの井戸は浅い．また隣の画素のゲートA_2に入射フォトンがなければ，同図(b)のように，空乏層が広くポテンシャルの井戸は深い．

時刻t_2になると，ゲートB_1のポテンシャル井戸が深くなるので，A_1の電子が転送される．A_2には電子がないので，ゲートB_2のポテンシャル井戸が深くなっても，転送される電子はない．このようにして，それぞれの画素の信号に対応する

電子は(つまり画像の明るい部分は電子が多く,暗いところは電子が少ない).つぎつぎと y 方向に転送され,出力端子まで移動する.

出力のとりだし例を図 10・39 に示す.CCD と同じチップに MOS FET がつくられており,ゲート G にフローティング拡散部 (floating diffusion, FD) に接続される.リセットゲート (reset gate, RG) には,周期的に正のパルスが加えられるから,FD も周期的にドレイン電圧 V_{DD} にリセットされる.つぎに FD が RG によって,リセットドレイン (reset drain, RD) から分離されていると,出力ゲート (output gate, OG) により信号電荷が FD にはいる.その結果生ずる FD の電位は OG による信号電荷できまり,RD に対して浮動している.このようなデバイスはフローティング増幅器 (floating amplifier) とよばれる.

CCD 形の走査について述べよう.図 10・40 はフレーム転送 (frame transfer, FT) の方式である.この図は,簡単のために,x および y 方向ともに 3 画素がおかれた例を示す.同図において,イメージセンサは受光部と蓄積部にわけられ,両部分は同じ数の CCD 要素をもち蓄積部には光がはいらない.受光部では入射フォトンにより発生し集められた電子は,ある一定時間電荷像として画素に蓄えられる.つぎにこの電荷像全体が,蓄積部の CCD 要素にきわめて短時間で並列に転送され,画像情報が蓄積される.この時間は,1 つの画面の走査が終り,つぎの画面の走査が始まるまでの時間であり,ブランキング (blancking) の時間という.受光

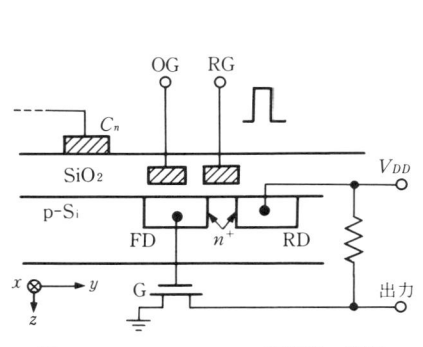

図 10・39 フローティング増幅器の説明 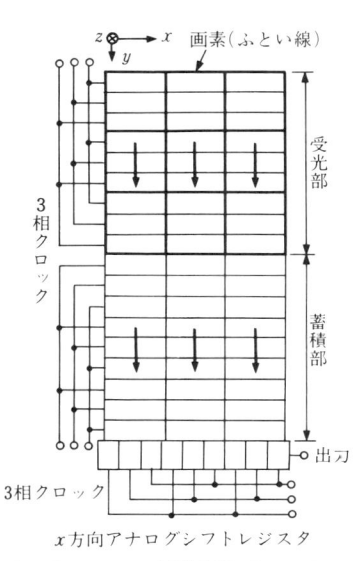　　図 10・40 フレーム転送 CCD イメージセンサ

部は再び画像に応じて，電荷像を発生し蓄える．また蓄積部に移った電荷像は，1列 (y 方向) ずつ x 方向のアナログシフトレジスタ (analog shift resistor) に転送され，1画素ずつ出力端子に送られて時系列信号となる．蓄積部の電子が全部転送されてしまうと，受光部から電荷像が再び転送されてくる．

フレーム転送方式は，受光部と蓄積部の面積がほぼ等しいから，チップ面積の利用の点で不利である．また入射フォトンが常にはいっている受光部は，電子の発生・蓄積と信号転送を時分割 (time sharing) で行うから，転送区間における入射フォトンを含み混信する．しかし転送速度を速くすることでほぼ解決される．さらに構造が簡単で，受光部のほぼ全面積の光を利用できるから，高感度・光分解能が可能である．

(3) MOS イメージセンサ

p-Si を用いた MOS 形における画素1個の例を図 10・41 に示す．通常の MOS FET にくらべて，ソースの面積が大きく，入射フォトンが内部にはいると，逆バイアスされているソースと基板の接合部分が，フォトダイオードの機能をもつ．いまゲートに正の走査パルス電圧を加えてオンにすると，n チャネルが形成され，ソースがドレイン電圧に等しくなるまで，バイアス電源が正電荷を供給する．ゲートがオフになるとチャネルは消えるが，ソースの電位は保持される．

光が入射すると，フォトンに応じて発生した電子はソースに蓄えられ，正孔は基板に移る．ソースは正電荷を放電し，その電位が低下することとなる．再び走査パルスによりゲートがオンになると，放電した電荷に相当する充電電流がソースに流れこむ．放電する全電荷は，入射フォトン数とゲートをオン・オフする間隔の積に比例する．したがって充電電流を信号電流としてとりだす．

MOS の xy アドレス方式の走査について述べよう．図 10・42 にその構成を示

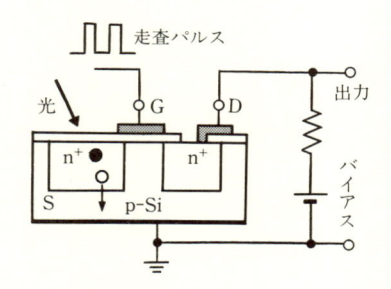

図 10・41　MOS 形イメージセンサの1画素の例

10・7 イメージセンサ

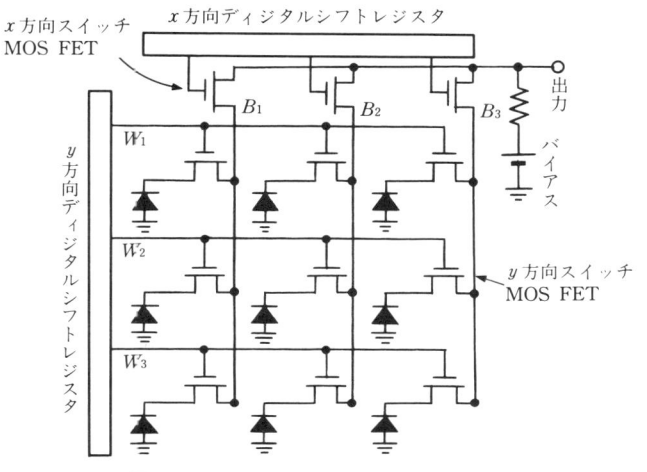

図10・42 MOS形イメージセンサの構成

す．簡単のために9画素の例を与えた．y方向のディジタルシフトレジスタ(digital shift resistor)のパルスで，たとえばW_2行の画案内のゲートをオンにすると，このW_2行の信号は，それぞれの画素に結ばれているB_1，B_2とB_3列の出力線にいったん読み出される．さらにx方向ディジタルシフトレジスタではたらく，x方向スイッチのMOS FETのゲートを通して，これらの信号が順次に出力となる．

MOS形の構造例を図10・43に示す．同図のPSG膜は，りんけい酸ガラス(phospho-silicate glass, PSG)の膜であり，半導体表面の安定化に使用される．また受光面の一部に，フォトンが多量にはいると，その部分の画素から，信号電荷があふれて周囲の画素にはいり，明るい像が何倍も広がってみえる．これはブルーミング(blooming)とよばれる．この現象を改善するため，フォトンがはいるソース部分にp^+n^+構造をつくり，蓄積容量を増している．またあふれた信号電荷が転

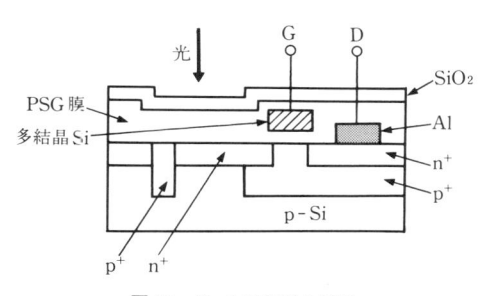

図10・43 MOS形の断面

送部にはいると，スミア (smear) とよばれる縦のすじが現れる．これを防ぐには，y 方向スイッチ用 FET のドレイン部分 n^+ を p^+ で囲み，ソース・ドレイン間の電流到達率を小さくし，電荷が拡散しないようにしている．

[例題 10・1] 真空中における波長が 0.5 μm である光のフォトンエネルギーを求めよ．

[解] 周波数 f のフォトンのエネルギーは，$hf = \dfrac{hc}{\lambda}$ で表される．

$$hf = \frac{6.626 \times 10^{-34} \times 2.998 \times 10^8}{0.5 \times 10^{-6}} \fallingdotseq 4.0 \times 10^{-19}\,\mathrm{J} \fallingdotseq 2.5\,\mathrm{eV}$$

[例題 10・2] バンドギャップ $E_G = 1.43$ eV の GaAs において，自然放出光の中心波長はいくらか．

[解] 式 (9・5) を用いると中心波長 λ_0 は，

$$\lambda_0 = \frac{1.24}{1.43} \fallingdotseq 0.87\,\mu\mathrm{m}$$

[例題 10・3] 量子効率 70 % の Si-pin-PD において，波長 860 nm の赤外光に対する感度を求めよ．

[解] 式 (10・14) において，$Q = 70$ %，$\lambda = 0.86 \times 10^{-6}$ m であるから

$$\rho = 8 \times 10^5\,Q\lambda = 8 \times 10^5 \times 0.7 \times 0.86 \times 10^{-6} = 0.48\,\mathrm{A/W}$$

演 習 問 題

1．吸収係数 $\alpha = 10^3\,\mathrm{cm}^{-1}$，厚さ 0.2 μm の半導体に，単位面積あたり 10 mW の光波が入射した．吸収される電力はいくらか．
2．自然放出と誘導放出を比較説明せよ．
3．LED と LD の原理を比較論ぜよ．
4．ダブルヘテロ接合 LD について，その特長を述べよ．
5．pin-PD の原理を説明せよ．
6．撮像の原理について述べよ．
7．下記を説明せよ．
負温度，コヒーレンス，FP 共振器，画素，走査，電荷転送の方式，xy アドレスの方式．

11章 集 積 回 路

11・1 集積回路の特長

　個別的なデバイスを1つにまとめた集積回路(integrated circuit, IC)は，小形・軽量となり高速動作が可能，製造工程が減少して製品の信頼性が向上，さらに大量生産のため低価格になるなどの利点をもつ．集積化の方法により，モノリシックIC (monolithic IC)とハイブリッドIC (hybrid IC)にわけられる．モノリシックICは，1個の半導体を基板とし，その上にトランジスタ・ダイオード・抵抗・容量などを同時に多数つくり，配線パターンによって相互に接続したICである．また使用するトランジスタが，バイポーラ形，MOS形あるいはMES形により，それぞれバイポーラIC, MOS IC, MES ICとよばれる．図11・1にnpnバイポーラICの例を示す．ハイブリッドICは，セラミックなどの上にデバイスと回路素子を並べ，導線と配線パターンで接続されたICである．

　さらにマイクロ波帯IC (microwave IC, MIC)，フォトニックデバイスおよび光導波路などを集積化した光集積回路(photonic IC, PIC)および光デバイスと電

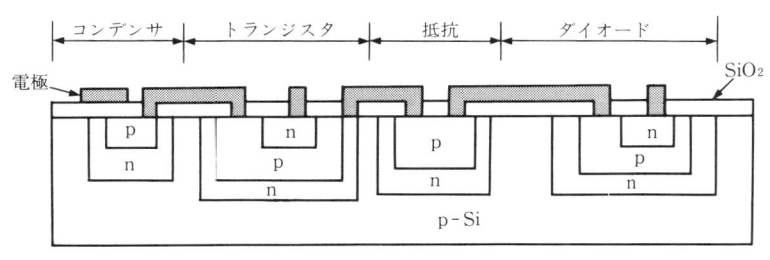

図11・1　IC断面の模式図

表 11・1　IC の分類

```
        ┌─ モノリシック IC ─┬─ バイポーラ形
IC ─────┤                  ├─ MOS 形
        │                  └─ MES 形
        └─ ハイブリッド IC

        ┌─ MIC
IC ─────┼─ PIC
        └─ OEIC
```

表 11・2　チップのデバイス数によるIC の分類

```
       ┌─ SSI
       ├─ MSI
       ├─ LSI
IC ────┼─ VLSI
       ├─ ULSI
       └─ GSI
```

子デバイスを組みあわせた光・電子集積回路 (optoelectronic IC, OEIC) などがある (表 11・1 参照). またチップに含まれるトランジスタなどの数で分類すると, 下記のようになる (表 11・2 参照).

SSI (small-scale integration)	100 個より少ない
MSI (medium-scale integration)	2000 個より少ない
LSI (large-scale integration)	6 万個より少ない
VLSI (very-large-scale integration)	6 万個より多い
ULSI (ultra-large-scale integration)	200 万個より多い
GSI (gigantic-scale integration)	600 万個より多い

また機能で分類すると, つぎのようになる. アナログ IC (analog IC) とディジタル IC (digital IC) は, それぞれアナログおよびディジタル信号を処理する IC である. 2 つの信号を処理する場合混合 IC という. これは, アナログ信号をディジタル信号に変換する AD 変換器 (AD converter) と, その反対の動作をする DA 変換器 (DA converter) である. アナログ IC は, 含まれるトランジスタの特性の変動が入出力特性に影響するから, 特性変化の少ないバイポーラ形が多く用いられる. また使用目的によって, 特別な回路を要するから, アナログ IC は用途別の専用 IC であることが多い. ディジタル IC は, ロジックデバイス (logic device) とメモリデバイス (memory device) の 2 つにわけられる (表 11・3).

ロジックデバイスの一例を図 11・2 に示す. 同図は, バイポーラトランジスタのトランジスタ・トランジスタ・ロジック (transistor transistor logic TTL) であ

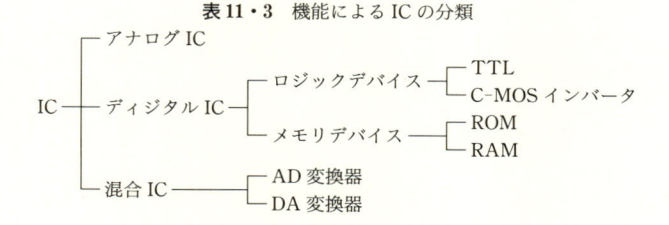

表 11・3　機能による IC の分類

```
        ┌─ アナログ IC
        │                      ┌─ ロジックデバイス ─┬─ TTL
        │                      │                    └─ C-MOS インバータ
IC ─────┼─ ディジタル IC ──────┤
        │                      └─ メモリデバイス ───┬─ ROM
        │                                           └─ RAM
        │                      ┌─ AD 変換器
        └─ 混合 IC ────────────┤
                               └─ DA 変換器
```

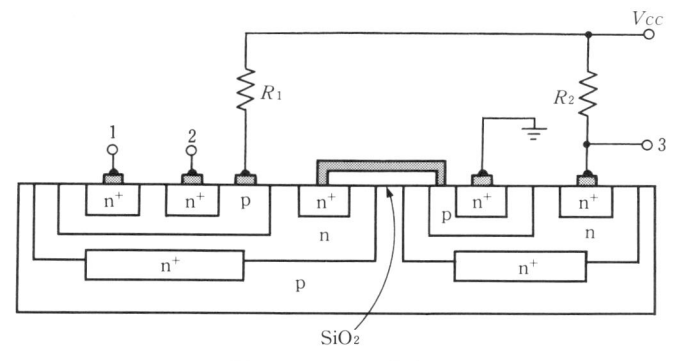

図11・2　TTLの模式図

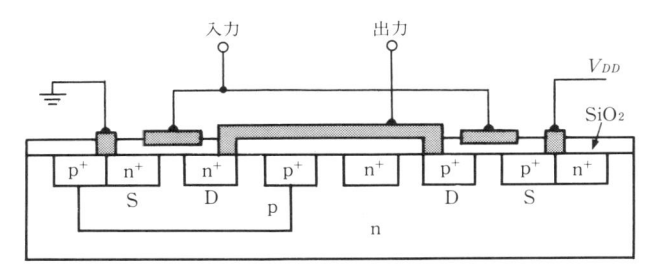

図11・3　C-MOSの模式図

る．入力用npnトランジスタは，2個のエミッタをもつ．入力端子1と2のどちらか，あるいは両方とも低電位の場合，出力端子3の電圧は高くなる．また端子1と2の入力電圧がともに高いと，端子3の電圧は低くなる．低い電位を0，高い電位を1とおくと，ANDとNOTを組みあわせたロジックデバイスであり，NANDの機能をもつ．

ロジックデバイスの1つである，相補形MOSインバータ（complementary MOS inverter, C-MOS inverter）の例を図11・3に示した．入力と出力の端子はともに1個であり，入力端子に入力1あるいは0が与えられると，出力端子にそれぞれ0または1が現れるNOT回路である．つまり入力と出力の電圧が反対でありインバータとなる．C-MOSは入力抵抗が高いから，電流がほとんど流れず消費電力がかなり少ない．したがって高集積度と低消費電力のためコンピュータや腕時計などに広く使用される（参考文献5，pp. 100-112, pp. 125-127とpp. 150-156参照）．

メモリデバイスには，バイポーラトランジスタを用いる高速用ICメモリと，MOS FETによる大容量ICメモリがある．メモリには，読みだし専用のROM (read only memory)と，書きこみと読みだしが自由にできる RAM (random access memory)があり，ともにバイポーラ形あるいは MOS で構成される．さらにデバイスの電源がきれると，メモリが消えることを揮発性メモリ(volatile memory, volatile storage)とよび，電源に関係なくメモリが残ることを不揮発性メモリ(non-volatile memory, permanent storage)という．ROM は 11・3 節に，RAM は 11・4 節に述べられる．

IC 製作の基礎となるのは，プレーナ技術(planer technology)や写真印刷(photolithography, photoetching)などである．また1個のチップに含まれる素子数が多い場合，CAD (computer aided design)とよばれる手法で設計される．IC の製造プロセスについては，専門書を参考にされたい(参考文献 11, pp. 86-191 参照)．

11・2 スケーリング

半導体デバイスを微細化し，IC の集積度をあげて性能を向上させる方法の1つに，スケーリング(scaling)がある．これを MOS FET について説明しよう．半導体内部の電位分布 $V(z)$，電界分布 $F(z)$，電流密度分布 $J(z)$ およびドナ密度分布 $N_D(z)$ には

$$\frac{d^2 V(z)}{dz^2} = -\frac{qN_D(z)}{\varepsilon\varepsilon_0} \qquad (11・1)$$

$$J(z) = \sigma F(z) \qquad (11・2)$$

$$\sigma = qn\mu_N \qquad (11・3)$$

が成立する．ε_0 は真空の誘電率，ε は比誘電率，σ は導電率，n は電子密度と μ_N は電子の移動度である．

ε, μ_N と $F(z)$ を一定として，長さ z と $V(z)$ を $1/K$ に縮小し($K>1$)，$N_D(z)$, $J(z)$, σ および n をすべて K 倍すると，式(11・1), (11・2)と式(11・3)はそのまま成りたち，スケーリングが成立するという．したがってスケーリングにより，電流 $I(=J \times 断面積)$ と容量 C は $1/K$ となり，チップ単位面積あたりの素子数は K^2 となる．また信号の伝達時間は，つぎの段の MOS FET の容量を充電するのに要する時間 CV/I であるとすれば，この時間は $1/K$ となるから，動作速度が K 倍となる．さらに消費電力 VI は $1/K^2$ となり，性能が向上する．

スケーリングは，たとえば，メモリデバイス用の微細 MOS FET の設計に使

用される．しかし寸法がサブミクロン(submicron)域になると，電子の特性による制限と回路による制限をうける．すなわち MOS の場合，ドレイン付近のなだれ破壊とホットエレクトロンによる劣化，ソース・ドレインの突きぬけ現象(punch-through)および短チャネル効果(short-channel effect)などの電子の振る舞いによる制限である．突きぬけ現象とは，ドレインの空乏層が広がりソース域に及ぶと，ゲートがチャネル電流を制御できない現象である．短チャネル効果は，チャネルの長さが短くなっても，実際には電圧をあまり低くできないから，チャネルの電界が高くなる現象である．さらに回路による制限は，漏れ電流，雑音およびアクセス時間(access time)の問題などである．

11・3 ROM

読みだし専用の不揮発性メモリである ROM には，いくつかの種類がある．常時利用する情報が，製造工場で書きこまれ記憶されているマスク ROM (mask ROM, M-ROM)，製造のプロセスで書き込まれていないが，ユーザが必要に応じて書きこみができる P-ROM (programmable ROM)，書きこまれた情報を紫外線で消去し再び使用する EP-ROM (erasable and programmable ROM) および数 V の電圧を与えて消去し，再び新しい情報を書きこむ EEP-ROM (electrically erasable and programmable ROM) などがある．表 11・4 に，これらをまとめた．M-ROM と P-ROM は，1 度書きこむと情報の書き換えはできない．また EP-ROM はシステムからはずして消去するが，EEP-ROM はシステムに実装のまま消去でき，情報の書き換えができる．これは不揮発性メモリであるが，ユーザには，書きこみや消去が簡単にできる利点をもつ．

表 11・4 ROM

```
                    ┌─ ROM ──────┬─ M-ROM
メモリデバイス ─┤   (不揮発性メモリ)  ├─ P-ROM ─┬─ EP-ROM
                    └─ RAM (揮発性メモリ)        └─ EEP-ROM
```

メモリデバイスは，記憶の 1 ユニットであるメモリセル (memory cell) をアレイ (array) 状に並べて構成し，セルはレベル 1 あるいは 0 のどちらかを記憶する．デバイスの基本的構成を図 11・4 に示す．同図において，行アドレスの信号をうけた行デコーダ (row decoder) がワード線 W を選び，アレイの行方向 (x 方向) のセルを選択する．つぎに列アドレスの信号をうけた列デコーダ (column decoder)

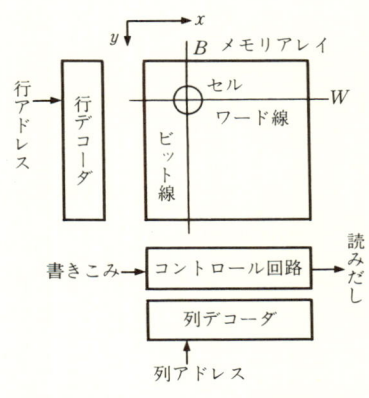

図11・4　メモリデバイスの基本構成

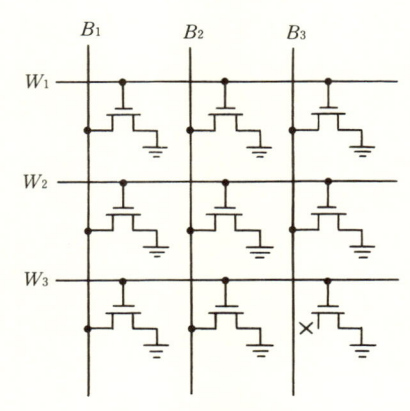

図11・5　M-ROMの例

がビット線 B を選び，アレイの列方向（y 方向）のセルをきめる．すなわち，行と列のアドレス信号によって1個のセルが選択され，そのセルの記憶する情報がビット線に転送される．コントロール回路は，書きこみ（write）と読みだし（read）を制御する．

　M-ROM は，1個の MOS FET でセルを構成するから，後述の RAM にくらべて記憶容量がかなり大きい．メモリアレイの一例を図11・5に示す．同図では，MOS FET が並列に接続されている．書きこみは同図の×印のように（セル W_3B_3)，製造のプロセスにおいて，電気的な切断で行う．したがってセル W_3B_3 は，レベル1で書きこまれ，ほかのセルはレベル0である．読みだしは，行と列のデコーダでセル W_3B_3 をアドレスする．この場合セルが ON となっても，FET のない状態であるから，ビット線の充電電荷が保持され，レベル1と読みだす．ほかのセル，たとえばセル W_3B_3 が ON になると，ビット線の充電電荷が FET を通って放電するから，レベル0を読みだすこととなる．

　メモリセルが MOS FET で構成される EP-ROM の例を図11・6に示す．SiO_2 膜の中に，通常のゲート CG のほかに電気的に浮いているフローティングゲート（floating gate, FG）も埋めこまれている．これらのゲートは多結晶でつくられ，導電性がある．FG にはいった電荷は，その周囲が SiO_2 膜で絶縁されているから，放電して消えるのに数年程度かかり（常温），不揮発性メモリとなる．またゲート CG に電圧 V_{CG} を加え，p-Si の電圧を0とすれば，FG の電圧 V_{FG} は

$$V_{FG} = \frac{C_{FC}V_{CG}}{C_{FS} + C_{FC}} \tag{11・4}$$

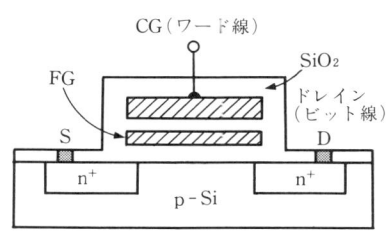

図11・6 EP-ROM の例

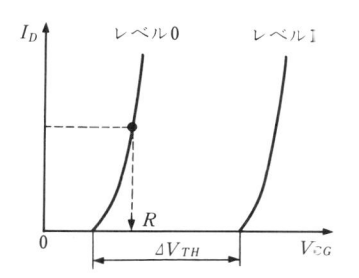

図11・7 EP-ROM セルの $I_D V_{CG}$ 特性

となる．ここで C_{FC} と C_{FS} は，それぞれ FG と CG 間のキャパシタンス，FG と p-Si 間のキャパシタンスである．

書きこみは，たとえばソース S は 0 V，ゲート CG に 12.5 V およびドレイン D に 8 V の電圧を加える．したがってドレイン付近のピンチオフ域で，加速された電子の一部がホットエレクトロンとなり，Si-SiO₂ 界面の電位障壁 3.1 eV を越えるのに十分なエネルギーをもつと，FG にはいる．その量は式 (11・4) の電圧 V_{FG} できめられる．つまり書きこみにより FG が電子を蓄積する．CG の電圧しきい値 V_{TH} は $\varDelta V_{TH}$ 増加する．すなわち図 11・7 のように $\varDelta V_{TH} > 0$ と $\varDelta V_{TH} = 0$ が，セルにおける情報のレベル 1 と 0 に対応する．レベル 1 は電子が注入され書きこまれたセルを示し，レベル 0 は書きこまれていないセルであり，電子が注入されない．レベル 0 の V_{TH} は 2 V 程度である．

読みだしは，たとえば S は 0 V，CG に 5 V および D に 2 V 程度の電圧を与えると，レベル 0 のセルではドレイン電流 I_D が流れ，レベル 1 のセルには電流が流れない．図 11・7 の $I_D V_{CG}$ 特性で説明すると，V_{CG} の値が同図の矢印 R の位置に相当する．したがってセルが選択されると，$\varDelta V_{TH} \geqq 0$ に応じて変化する I_D を，ビット線（ドレインに接続）をへて高利得・広帯域のセンス増幅器 (sense amplifier) で検出し出力となる．なおこの場合ドリフトする電子は，エネルギーが少なく FG にはいらないから，再書きこみの誤動作は起きない．

メモリの消去は，チップをシステムよりはずし，その表面にある石英ガラスの窓から，水銀ランプ（波長 250～300 nm）の紫外線を照射して FG にある電子を 4～5 eV ほど励起し，周囲の SiO₂ 膜の伝導帯に放出する．この方法はメモリ全体が消去され，ユーザにとっては不便なこともある．

書きこみと読みだしの動作電圧をまとめると，表 11・5 となる．

EEP-ROM セル断面の一例を図 11・8 に示す．このセルはメモリ用と，それを

表11・5　EP-ROM における動作電圧の例

	電極電圧 [V]			
	S	CG	FG	D
書きこみ	0	12.5	< 12.5	8
読みだし	0	5	< 5	2
消去	紫外線による			

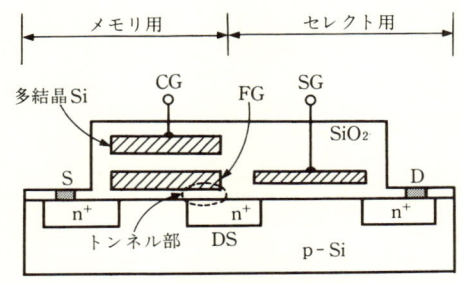

図11・8　EEP-ROM の例

選択するセレクト用の2つの MOS FET で構成される．メモリ用は EP-ROM と同じように CG のほかにフローティングゲート FG をもち電子を蓄積する．ゲート CG，FG およびセレクトゲート SG は，多結晶 Si が用いられる．中央の n^+DS 域は，メモリ用 FET のドレインであり，同時にセレクト用 FET のソースとなる．さらに FG の一部分（同図でトンネル部と示してある）と n^+DS 域の間には，厚さ 5 nm 程度の SiO_2 膜がある．したがって，この部分の電界強度が 10 MV/cm 程度になると，トンネル効果による電流が流れ，電子が FG に注入されたり，FG から放出したりする．消去，書きこみと読みだしの動作電圧例を表11・6に示す．

実用されている1～4Mbの EP-ROM では，電圧 12.5 V が使用され，1バイト (byte) の書きこみ時間は，10 μs～数 ms である．また集積度をあげると，書きこみ時間は短くなる．EEP-ROM の電圧は 20 V 程度で，書込み時間 1～10 ms であるが，電流は EP-ROM と異なり数 μA である．したがって 5 V の単一電源を用い，チップ上の昇圧回路を用いる．書きかえはバイト単位であるが，SiO_2 膜を流れるトンネル電流で，その膜が劣化するから，書きかえ回数は1万～10万回である．さらに EEP-ROM は，EP-ROM にくらべると，セレクト用 FET およびトンネル部が必要であるから，セルの大きさが3倍程度となり，数百 Mb が実用されている．

表11・6　EEP-ROM の動作電圧例

	電極電圧 [V]						
	S	CG	FG	n^+DS	SG	D	
消去	0	20	< 20	0	20	0	FG へ電子注入，レベル1とする
書きこみ	5	0	～0	～20	20	20	FG から電子放出，レベル0とする
レベル1読みだし	0	0	～0	～1	5	1	選択されない SG は 0 [V]
レベル0読みだし	0	0	～0	< 0.2	5	0.2	

11・4 RAM

　書きこみと読みだしが自由な RAM は，記憶すべきデータを必要に応じて，書き換えることが可能である．また計算の途中で，読みだしたデータなどを一時的にメモリするのに用いられる．読みだす場合，破壊読みだし (destructive read) と，非破壊読みだし (non-destructive read) の2つがある．前者は読みだすと，デバイスの記憶内容が失われ，後者は読みだしても，データが残る．

　RAM は2つにわけられる．その1つは，メモリされた情報が数 ms 程度で蒸発してしまうので，ある一定時間ごとに再び書きこむ必要，つまりリフレッシュ (refresh) が必要であるダイナミック RAM (dynamic RAM, DRAM, ディーラム) である．DRAM は任意のアドレスに対して，書きこみ・読みだしが高速で可能であり，大容量メモリ用である．残りの1つは，データが数日間残るスタティック RAM (static RAM, SRAM, エスラム) である．これはフリップフロップ回路で記憶するので，電源が ON であればデータが保持され，リフレッシュの必要がない．SRAM の記憶容量は，DRAM のそれよりかなり少ない．これらは電源が OFF になると，メモリが消えるので，ともに揮発性メモリである．これをまとめると表11・7となるが，詳しい特性を調べよう．

表11・7　RAM

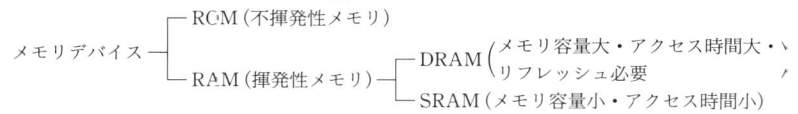

```
メモリデバイス ┬─ ROM (不揮発性メモリ)
               └─ RAM (揮発性メモリ) ┬─ DRAM (メモリ容量大・アクセス時間大・
                                     │          リフレッシュ必要)
                                     └─ SRAM (メモリ容量小・アクセス時間小)
```

　DRAM は，MOS FET のゲート容量に蓄積される電荷を利用する．すなわち電荷を蓄積することが書きこみであり，蓄積された電荷の有無を調べることが読みだしである．一般にはゲートのキャパシタンスのみでは不足なので，図11・9のように並列にキャパシタを用いる．またメモリセルの例を，図11・10に模式的に示した．同図の PSG 膜は，表面の安定化に用いられる (図10・43参照)．DRAM の動作を高速化するには，多結晶 Si の抵抗が難点となる．耐熱性金属けい化物と多結晶 Si の2層構造としてポリサイド (polycide) を用いる．そのようなセルの例を図11・11に与えた．同図には，p-Si の垂直方向にトレンチ (trench, 溝) をつくり，その側面を記憶用のキャパシタンスとして使う構造が示されている．このようにすると，小さいセル面積で大きいメモリ容量が得られ，4 Mb より大きい容量の

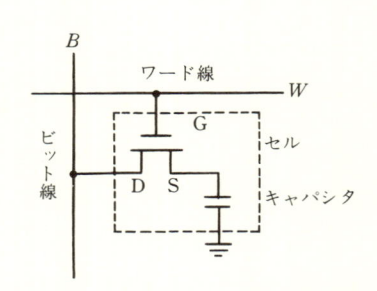

図11・9　DRAM用メモリセルの等価回路

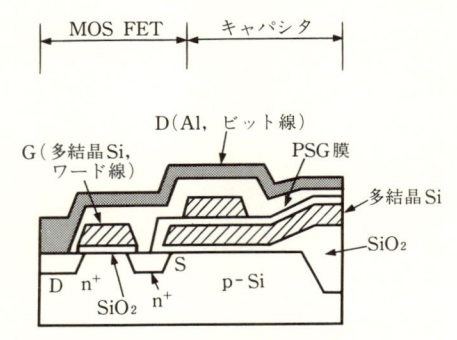

図11・10　DRAM用セルの一例

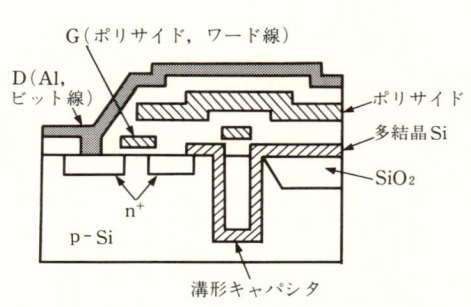

図11・11　溝形キャパシタをもつDRAM用セルの例

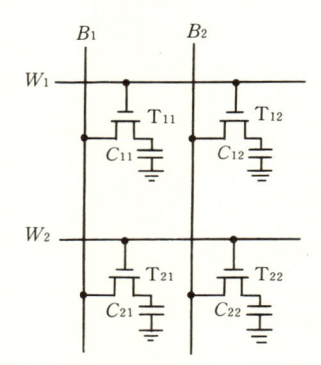

図11・12　MOS FETとキャパシタによるDRAM

DRAMに用いられる。

　書きこみを図11・12で説明しよう。この場合簡単のために，4個のメモリセルの例を示した。同図において，ワード線 W_1 に正電圧を加えて，トランジスタ T_{11} と T_{12} のいずれにもチャネルを形成し，それらをONとする。つぎにビット線は，ONでは正電圧 V_B，OFFでは0電圧として，B_1，B_2 の順に走査すると，V_B のとき電荷が蓄積される。たとえば C_{12} に V_B が与えられると，電荷 $C_{12}V_B$ が蓄えられる。0電圧の場合，電荷は蓄積されない。したがって電荷の有無で，1と0を記憶することとなる。ワード線とビット線で，このようなプロセスを繰り返して走査すると，所要の電荷が蓄積され，メモリされる。

　読みだしは，W_1 線に正電圧を加えて，T_{11} と T_{12} をONとする。つぎに B_1，B_2 の順で電圧の有無を測定する。この場合 W_2 線に電圧が与えられていないから，T_{21} と T_{22} はOFFである。たとえば B_1 を走査しているとき，C_{11} の電荷のみ放出

表11・8 大容量DRAMの特性

メモリ容量 [Mb]	チップ面積 [mm²]	セル面積 [μm²]	アクセス時間 [ns]	消費電力 [mW]	回路最小間隔 [μm]
1	60	30	70	350	1.3
4	100	12	60	250	0.8
16	150	5	50	250	0.5

され，C_{21} の電荷は放出されない．また C_{11} が読みだされてしまうと，ONの信号をビット線に与えた後，再び書きこみを行う．しかしかなり短い時間(数 ms 程度)で C_{11} が放電するから，ある時間ごとにリフレッシュする必要がある．実際には C_{11} の値が小さいので，放電された電荷をセンス増幅器で増幅して出力とする．

大容量 DRAM の特性例を，表11・8に示す．メモリ容量はチップあたりのビット数を示し，アクセス時間はデータのだしいれに要する時間である．容量をさらに増して，64 Mb，256 Mb および 1 Gb を目標にすると，回路の最小線幅を 0.4〜0.2 μm 程度までにしなければならない．したがってマスクのパターンをつくるのに，これまで可視光を用いた加工のプロセスは，電子線やX線を使用する超微細加工技術が必要である．

C-MOS(図11・3)を用いた SRAM の回路図を図11・13に示す．C-MOS の T_1 と T_2 および T_3 と T_4 で，フリップフロップ回路を構成し，T_5 と T_6 はスイッチ用である．

書きこみの場合，ワード線 W に正電圧を与えて T_5 と T_6 を ON とする．つぎにビット線 B_1 に高い電圧を加えると，位置 P および P' の電圧が高くなる．したがって，C-MOS を構成する T_3 と T_4 のゲート電圧も高くなる．位置 Q の出力電圧と Q' の電圧が低くなり，C-MOS である T_1 と T_2 の，ゲートに対する入力電圧

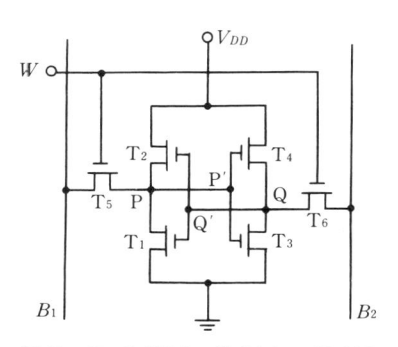

図11・13 C-MOS で構成される SRAM

も低い．その結果位置Pの出力電圧は高く，はじめにこの位置に加えた高い電圧を保つようになる．走査が進むと，ワード線 W とビット線 B_1 に電圧が加えられなくても，位置Pの電圧は高い状態となる．

読みだしは，W 線に正電圧を加え T_5 と T_6 を ON とする．つぎに B_1 と B_2 線の電圧の高低を読みとる．この場合 B_1 線は高く，B_2 線は低い電圧である．したがってフリップフロップ回路の電源がきれない限り，メモリされている．

C-MOS で構成される高速 SRAM の特性の一例を表 11・9 に示す．同表の回路の最小線幅からわかるように，4 Mb SRAM は，16 Mb DRAM と同世代のデバイスである．

表 11・9　高速 SRAM の特性

メモリ容量 [Mb]	セル面積 [μm^2]	アクセス時間 [ns]	回路最小間隔 [μm]
1	50	25	0.8
4	20	20	0.5

11・5　MIC

マイクロ波帯 IC は，モノリシック MIC (monolithic MIC, MMIC) と，ハイブリッド MIC (hybrid MIC, HMIC) にわけられる．1枚の半導体基板上にストリップ線路 (strip line) を構成し，必要に応じて基板自身でデバイスをつくり結合するのが MMIC である．このように一括して製造されるから，小形軽量・量産性・信頼性で優れるが，回路の調整が困難である．一方 HMIC は，セラミックや石英の基板上にストリップ線路をつくり，別に製造されたデバイスや素子をマウントした IC である．したがって回路調整が容易であり，優れた特性が得られやすい．

GaAs を用いた 20 GHz 帯増幅用 MES FET の模式的平面図を，図 11・14 に示す．これは面積 5.4 mm²，厚さ 0.15 mm のチップ上に構成された MMIC である．

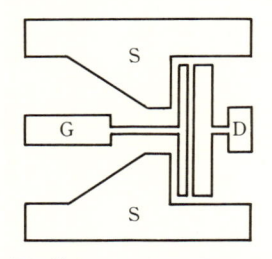

図 11・14　20 GHz 帯 GaAs MES FET の MMIC 電極配置

(a) 利 得

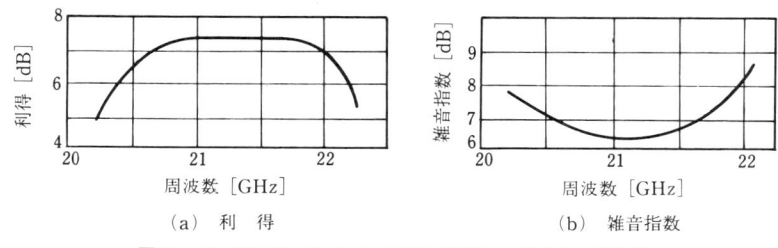

(b) 雑音指数

図 11・15　20 GHz 帯 GaAs MES FET の MMIC の特性例

同図の D, G と S は, それぞれドレイン, ゲートおよびソースを示す. クローム Cr をわずかにドープした半絶縁性 GaAs (semi-insulating GaAs, SI-GaAs) を基板とし, この上に n 形 GaAs を成長させ, さらにその上に電極と回路構成する. 利得の周波数特性を図 11・15(a) に, 雑音指数の周波数特性を同図(b) に示した.

11・6　OEIC

透明な絶縁基板の上に, わずかに高い屈折率の部分を設けて, 光導波路を形成し, フォトニックデバイスとともに集積すると, 前述したように PIC という. 通常の電子デバイス, フォトニックデバイスと光回路素子を半導体基板上に集積すると, 前に示したように OEIC とよばれる. これらは情報処理の一層の高速化・デバイスの高信頼化・小形化・低価格化を可能とする.

図 11・16 は, レーザダイオード LD と MES FET で構成され OEIC の模式図である. 半絶縁性 GaAs の基板上に FET をつくり, その横に LD がおかれている. LD の入力インピーダンスはかなり小さいので, 電子デバイスと一体化するこ

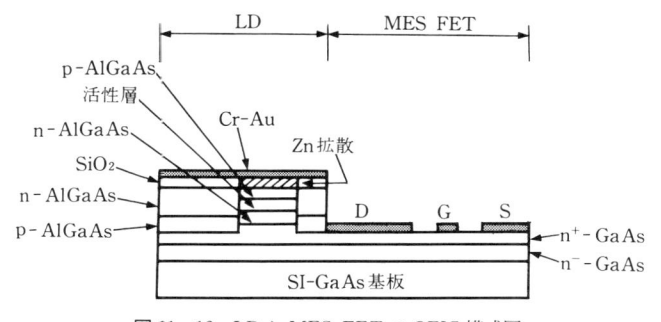

図 11・16　LD と MES FET の OEIC 模式図

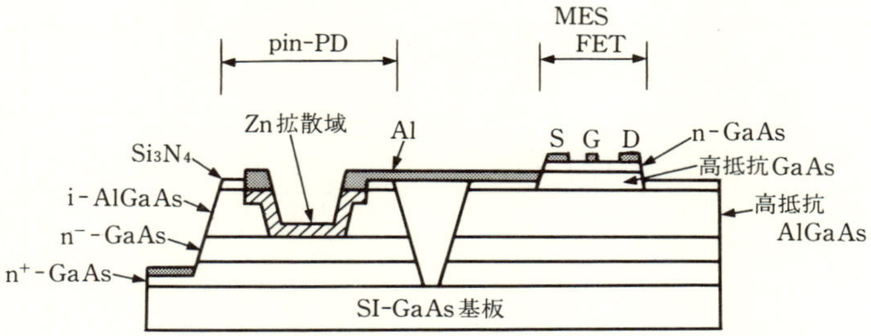

図 11・17　pin-PD と MES FET の OEIC 模式図

とにより，入力インピーダンスが高くなる．したがって，後段に接続される電子回路との整合性がよくなり，回路的に扱いやすい．

検波用の pin フォトダイオードと増幅用 MES FET を組みあわせた OEIC の例を図 11・17 に示す．PD と FET の間には溝があり，Al でブリッジ形に配線している．pin-PD の出力インピーダンスはかなり高いので，電子デバイスで適当に低くすると，回路的に使いやすくなる．

[例題 11・1]　MOS トランジスタで，電圧 V がスケーリングにより熱雑音電圧 $k_B\mathrm{T}/e$ に近づくと，どのようになるか

[解]　もれ電流が増し，微細化の限界となる．

演 習 問 題

1． 下記を説明せよ．
CMOS インバータ，ROM，RAM，EEP-ROM，DRAM，SRAM，フローティングゲート

付　　録

1. Si と GaAs の諸定数

物理量 \ 半導体	Si	GaAs
原子番号	14	
原子密度 [cm^{-3}]	5×10^{22}	2.21×10^{22}
原子量	28.1	144.6
密度 [g/cm^3]	2.33	5.32
比誘電率	11.8	10.9
電子親和力 [V]	4.05	4.07
エネルギー・ギャップ [eV]	1.10	1.43
格子定数 [nm]	0.54	0.56
融点 [°C]	1420	1238
伝導電子の移動度 [$m^2V^{-1}s^{-1}$]	0.15	0.80
飽和速度 [km/s]	100	200
熱伝導率 [$Wm^{-1}K^{-1}$]	140	50

2. 電磁波の区分

(1)

略称	名称	周波数	波長
VLF	Very low frequency	30 kHz より小さい	10 km より長い
LF	Low frequency	30 〜 300 kHz	1 〜 10 km
MF	Medium frequency	300 〜 3000 kHz	100 〜 1000 m
HF	High frequency	3 〜 30 MHz	10 〜 100 m
VHF	Very high frequency	30 〜 300 MHz	1 〜 10 m
UHF	Ultra high frequency	300 〜 3000 MHz	10 〜 100 cm
SHF	Super high frequency	3 〜 30 GHz	1 〜 10 cm
EHF	Extremely high frequency	30 〜 300 GHz	1 〜 10 mm

170 付　録

(2)

バンド名	周波数 [GHz]	バンド名	周波数 [GHz]	バンド名	周波数 [GHz]
I	0.1 〜 0.15	S	1.55 〜 5.2	Q	36 〜 46
G	0.15 〜 0.225	C	3.9 〜 6.2	V	46 〜 56
P	0.225 〜 0.39	X	5.2 〜 10.9	W	56 〜 100
J	0.35 〜 0.53	K	10.9 〜 36		
L	0.39 〜 1.55	Ku	15.35 〜 17.25		

(3)

バンド名	周波数 [GHz]	バンド名	周波数 [GHz]	バンド名	周波数 [GHz]
A	0 〜 0.25	F	3 〜 4	K	20 〜 40
B	0.25 〜 0.5	G	4 〜 6	L	40 〜 60
C	0.5 〜 1	H	6 〜 8	M	60 〜 100
D	1 〜 2	I	8 〜 10		
E	2 〜 3	J	10 〜 20		

(註) 慣用的な呼称 P, L, S, X と K は，1944 年頃ヨーロッパから日本にもたらされた．当時の技術革新に応じて，無秩序につけられたようで，区分も現在といくぶん異なる．これらの語源は，P バンドが pulse, L と S バンドはそれぞれ long と short, X バンドが exotic あるいは extreme short であり，K バンドは当時のクライストロン (Klystron) の発振限界 (36 〜 40 GHz) を示したとされている．現在は C および Ku バンド (古くは K_u と書いたが，最近はこのように書くことが多い) などが加えられ，上記 (2) のとおりである．最近は上記 (3) のように．国際コード (international code) とよばれる整然とした呼称体系もある．しかしこれは ECM (electronic countermeasure) の分野で広く使用されているため，レーダおよびマイクロ波通信の分野では，上記 (2) の古い体系がいまでもよく用いられる．さらに細かいバンド名は，文献 25 を参照されたい．

3．補助単位

国際単位系では 10^n 倍を表すのに，つぎの接頭語が用いられる．

倍数	記号	名称	倍数	記号	名称
10^{18}	E	エクサ (exa)	10^{-18}	a	アト (atto)
10^{15}	P	ペタ (peta)	10^{-15}	f	フェムト (femto)
10^{12}	T	テラ (tera)	10^{-12}	p	ピコ (pico)
10^9	G	ギガ (giga)	10^{-9}	n	ナノ (nano)
10^6	M	メガ (mega)	10^{-6}	μ	マイクロ (micro)
10^3	k	キロ (kilo)	10^{-3}	m	ミリ (milli)
10^2	h	ヘクト (hecto)	10^{-2}	c	センチ (centi)
10	da	デカ (deka, deca)	10^{-1}	d	デシ (deci)

4. ギリシャ文字

文字	名称		文字	名称		文字	名称	
$A\ \alpha$	alpha	アルファ	$I\ \iota$	iota	イオタ	$P\ \rho$	rho	ロー
$B\ \beta$	beta	ベータ	$K\ \varkappa$	kappa	カッパ	$\Sigma\ \sigma$	sigma	シグマ
$\Gamma\ \gamma$	gamma	ガンマ	$\Lambda\ \lambda$	lambda	ラムダ	$T\ \tau$	tau	タウ
$\Delta\ \delta$	delta	デルタ	$M\ \mu$	mu	ミュー	$\Upsilon\ \upsilon$	upsilon	ウプシロン
$E\ \varepsilon$	epsilon	イプシロン	$N\ \nu$	nu	ニュー	$\Phi\ \phi$	phi	ファイ
$Z\ \zeta$	zeta	ジータ	$\Xi\ \xi$	xi	クサイ	$X\ \chi$	chi	カイ
$H\ \eta$	eta	イータ	$O\ o$	omicron	オミクロン	$\Psi\ \psi$	psi	プサイ
$\Theta\ \theta$	theta	シータ	$\Pi\ \pi$	pi	パイ	$\Omega\ \omega$	omega	オメガ

5. 主な物理定数

プランク定数	h	6.626196×10^{-34}	J·s
		4.135708×10^{-15}	eV·s
ボルツマン定数	k_B	1.380662×10^{-23}	J/K
		8.617083×10^{-5}	eV/K
真空中の光速度	c_0	2.9979250×10^8	m/s
真空の誘電率	ε_0	$8.8541853 \times 10^{-12}$	F/m
真空の透磁率	μ_0	$4\pi \times 10^{-7}$	H/m
電子の電荷	$-q$	$-1.602197 \times 10^{-19}$	C
電子の静止質量	m_0	9.109558×10^{-31}	kg

演習問題解答

2章

1. 式 $(2 \cdot 3)$ を式 $(2 \cdot 6)$ に代入
$$v_{PH} = \frac{\omega}{k} = \frac{2\pi f}{2\pi/\lambda} = f\lambda$$

2. 式 $(2 \cdot 1)$ から $E = \hbar\omega = mv^2/2$
$$\therefore \hbar d\omega = m2vdv/2 = mvdv$$
式 $(2 \cdot 2)$ より $p = \hbar k = mv$
$$\therefore \hbar dk = mdv$$
したがって式 $(2 \cdot 5)$ に代入すると
$$v_G = \frac{d\omega}{dk} = \frac{\hbar d\omega}{\hbar dk} = \frac{mvdv}{mdv} = v$$

3章

1. 式 $(3 \cdot 43)$, $(3 \cdot 42)$ と式 $(3 \cdot 45)$ から
$$J_{DN} = qn\mu_N F = qn\frac{q\tau_{MN}}{m_N{}^*}F = \frac{nq^2\tau_{MN}}{m_N{}^*}F = \sigma F \quad \therefore \quad \sigma = nq^2\tau_{MN}/m_N{}^*$$

4章

1. 式 $(4 \cdot 5)$ から
$$V_T = \frac{k_B T}{q} = \frac{1.38 \times 10^{-23} \times 300}{1.6 \times 10^{-19}} = 2.59 \times 10^{-2}\,\text{V}$$
したがって式 $(4 \cdot 4)$ より
$$\phi_0 = V_T \ln\frac{N_A N_D}{n_i^2} = 2.59 \times 10^{-2} \ln\frac{10^{23} \times 10^{26}}{1.5^2 \times 10^{32}} \fallingdotseq 0.99\,\text{V}$$

5章

1. 式 $(4 \cdot 30)$ を式 $(5 \cdot 2)$ に代入すると
$$\frac{1}{r_{DY}} = \frac{dI}{dV} = \frac{I_S}{V_T}\exp\left(\frac{V}{V_T}\right)$$
また式 $(4 \cdot 30)$ は
$$I_S \exp\left(\frac{V}{V_T}\right) = I + I_S$$

であるから，$I \gg I_S$ の場合，$1/r_{DY}$ の式に代入すると，
$$\frac{1}{r_{DY}} \fallingdotseq \frac{I}{V_T}$$
となる．300 K は $V_T = 0.026$ V であり，$I = 0.8$ mA のとき，上式から $r_{DY} \fallingdotseq 33\,\Omega$．

6章

1．図 6・7(b) で $I_B R_B + V_{BE} = V_{BB}$
　　　∴ $I_B = (V_{BB} - V_{BE})/R_B = (5 - 0.7)/(100 \times 10^3) = 0.043$ mA
　　また，$I_{CBO} = 30$ nA が与えられているから，式 (6・44) より
　　　$I_{CEO} \fallingdotseq \beta_F I_{CBO} = 100 \times 30 \times 10^{-9} = 3\,\mu\text{A} \ll I_B$
　　　∴ $I_{CEO} \fallingdotseq 0$ とした式 (6・46) から
　　　$I_C = \beta_F I_B = 100 \times 4.3 \times 10^{-5} = 4.3$ mA

7章

1．式 (7・6) より　$I_D = 10^{-3}\left[4 - \dfrac{2}{3\sqrt{8}}\{(4+0+1)^{3/2} - (0+1)^{3/2}\}\right] = 1.6$ mA

2．式 (4・5) から　$V_T = \dfrac{1.38 \times 10^{-23} \times 300}{1.6 \times 10^{-19}} = 2.59 \times 10^{-2}$ V
　　したがって，式 (7・23) を用いて
$$\phi_F \fallingdotseq 2.59 \times 10^{-2} \ln\left(\frac{10^{21}}{1.5 \times 10^{16}}\right) = 0.29\,\text{V}$$

8章

1．$10\log\dfrac{S}{N} = 10\log\dfrac{2 \times 10^{-12}}{42 \times 10^{-15}} = 10\log 47.6 = 16.8$ dB

9章

1．式 (9・6) で　$f = \dfrac{100 \times 10^3}{2 \times 4 \times 10^{-6}} = 12.5$ GHz

10章

1．式 (10・2) を参照すると，吸収される光強度 [W/m²] は
　　　$I(0) - I(z) = I_0\{1 - \exp(-\alpha z)\}$
　　　∴ $10 \times 10^{-3}(1 - e^{-10^3 \times 0.2 \times 10^{-4}}) = 0.2$ mW

参 考 文 献

1. 古川静二郎, 松村正清：電子デバイス, I, II, 昭晃堂, 1979, 1980.
2. 古川静二郎：半導体デバイス, コロナ社, 1982.
3. 佐々木昭夫編著：電子デバイス工学, 昭晃堂, 1985.
4. S.M. ジイー著, 南日康夫, 川辺光央, 長谷川文夫訳：半導体デバイス, 産業図書, 1987.
5. 生駒俊明, 勝部昭明：半導体デバイス, コロナ社, 1989.
6. 針生　尚：光エレクトロニクスデバイス, 培風館, 1990.
7. 石原　宏：半導体デバイス工学, コロナ社, 1990.
8. 古川静二郎, 荻田陽一郎, 浅野種正：電子デバイス工学, 森北出版, 1990.
9. 菅　博, 川畑敬志, 矢野満明, 田中　誠：図説電子デバイス, 産業図書, 1990.
10. 中村哲郎校閲, 根本邦治, 岩木龍一, 大山英典著：半導体デバイス入門, 森北出版, 1991.
11. 宮井幸男：集積回路技術の基礎, 森北出版, 1991.
12. S. Yngvesson : Microwave Semiconductor Devices, Kluwer Academic Publishers, 1991.
13. 末松安晴：光デバイス, コロナ社, 1986.
14. A. Yariv 著, 多田邦雄, 神谷武志訳：光エレクトロニクスの基礎, 原書3版, 丸善, 1988.
15. 伊藤良一, 中村道冶：半導体レーザ, 培風館, 1989.
16. 野口靖夫：新しい電子の眼—CCD, 読売新聞社, 1985.
17. 鈴木八十二編著：半導体 MOS メモリとその使い方, 日刊工業新聞社, 1990.
18. 高橋　清：半導体工学, 森北出版, 1975.
19. 国岡昭夫, 上村喜一：基礎半導体工学, 朝倉書店, 1985.
20. 浜口智尋, 谷口研二：半導体デバイスの物理, 朝倉書店, 1990.
21. 御子柴宣夫：半導体の物理, 改訂版, 培風館, 1991.
22. 江崎玲於奈：私の研究遍歴—量子電子デバイス—, 第2回電気通信フロンティア研究国際フォーラム, 東京, 1990年10月.
23. 桜庭一郎：オプトエレクトロニクス入門, 森北出版, 1983.
24. 桜庭一郎：レーザ工学, 森北出版, 1984.
25. 桜庭一郎：電子管工学, 第2版, 森北出版, 1989.
26. 桜庭一郎：電子物理学, 朝倉書店, 1973.
27. 桜庭一郎, 高井信勝, 三島瑛人：光エレクトロニクスの基礎, 森北出版, 2001.
28. 桜庭一郎, 熊耳　忠：電子回路, 第2版, 森北出版. 2002.

さくいん

あ行

アインシュタインの関係　39
アクセス時間　159, 163
アクセプタ　25
アナログ IC　156
アナログシフトレジスタ　152
アノード　62
アレイ　149, 159
暗電流　147
Er ドープ光ファイバ増幅器　145
EO 変調器　144
イオン化率　70
位相速度　5
イメージセンサ　146
インコヒーレント　134
インバータ　87
インパットダイオード　120
インパット発振器　124
ウォームエレクトロン　123
埋め込みヘテロ構造　142
AO 変調器　144
AD 変換器　156
エキシトニクス　129
エキシトン　129
液相エピタキシ法　136
SN 比　111
X バレイ　120
xy アドレス　149
エッチング　74
n 形半導体　25
エネルギー・ギャップ　15
エネルギー固有値　6
エネルギー準位図　7
エネルギー帯図　13
エピタキシャル成長　136
FP 共振器　140
$1/f$ 雑音　111
エミッタ　77
エミッタ接地　84
エミッタフォロワ　86
L バレイ　120

エレクトロルミネッセンス　134
エンハンスメント形　92
オージェ再結合　132
オーディオディスク　141
オプトエレクトロニクス　129
オーム接触　59
オームの法則　37
音響光学変調器　144

か行

外因性域　33
外因性半導体　25
階段接合　51
回復時間　68
書きこみ　160
拡散　37
拡散アドミタンス　65
拡散電位　45
拡散電流　37
拡散容量　66
過剰少数キャリア密度　39
画素　148
画像　148
カソード　62
活性域　87
活性層　137
価電子　11
価電子帯　15
ガン　120
ガン効果　120
ガン効果発振器　123
間接ギャップ半導体　19
間接遷移　131
ガンダイオード　120
感度　147
Γ バレイ　120
緩和時間　35
気相エピタキシ法　136
基礎吸収　130
基礎吸収端　130
基底状態　12
輝度　135

揮発性メモリ　158
逆バイアス　46
キャップ層　141
キャリア　23
キャリアの閉じ込め　138
キャリアの発生　39
吸収係数　130
行デコーダ　159
共有結合　16
許容帯　13
禁止帯　13
金属　14
空間電荷層　45
空胴共振器　122
空乏　98
空乏層　45
空乏層容量　54
空乏帯　15
屈折率導波形　143
クラッド層　137
クロックパルス　150
群速度　5
傾斜接合　51
結晶　12
ゲート　89
検波　72, 145
高移動度トランジスタ　120
格子整合　138
光束　135
高電界ドメイン　122
光導電効果　115
降伏　69
降伏電圧　69
コヒーレンス　134
コヒーレント　134
コレクタ　77
コレクタ遮断電流　85
コレクタ接地　84
固有関数　6
混合　72

さ行

再結合　39
再結合寿命　115
再結合中心　40
最大スペクトル視感度　136
雑音　110
雑音温度　112
雑音指数　111

雑音等価抵抗　114
撮像デバイス　148
サブミクロン域　159
サブミリ波　119
散乱　34
しきい値　102
しきい電界　121
磁気量子数　10
時系列　148
仕事関数　55
CCDイメージセンサ　149
自然放出　132
持続　140
実効状態密度　29
実効値　34
質量作用の法則　30
時分割　152
ジーメンス　37
写真印刷　158
遮断域　87
集積回路　155
自由電子　5
周波数変換　72
充満帯　14
出力ゲート　151
寿命　39
主量子数　10
シュレーディンガーの波動方程式　6
順バイアス　45
小信号の条件　63
少数キャリア　25
少数キャリアの蓄積効果　68
状態密度　9
衝突電離　39, 69
ショックレイ　76
ショットキー障壁　56
ショットキー障壁形FET　89
ショットキー接触　57
ショットキーダイオード　69
ショットキーの雑音　115
ショット雑音　111
ジョンソン雑音　110
真空準位　55
信号対雑音比　111
真性域　33
真性キャリア密度　30
真性半導体　16
スイッチング　72
スケーリング　158

さくいん **177**

スタティック RAM　163
ストライプ　142
ストリップ線路　166
スピン量子　10
スペクトル視感度　136
スペクトル比視感度　135
スミア　154
正帰還　133
正孔　16
静抵抗　62
静特性　62
整流作用　47
整流性接触　57
積 pn　30
絶縁体　14
接合形 FET　89
接合トランジスタ　77
接合容量　54
センス増幅器　161
走行角　126
走行時間モード　123
相互コンダクタンス　92
走査　148
相補形 MOS インバータ　157
ソース　89

た　行

ダイオード　61
ダイナミック RAM　163
多結晶　149
多数キャリア　25
立上り電圧　62
縦モード　142
ダブルヘテロ接合　138
短チャネル効果　159
蓄積　97
蓄積時間　68
チャネル　90
中性域　45
注入効率　79
注入レーザ　140
直接ギャップ半導体　19
直接遷移　130
対　15
ツェナー降伏　72
突きぬけ現象　159
DA 変換器　156
抵抗率　37
定在波　7

ディジタル IC　156
ディジタルシフトレジスタ　153
ディスクリートトランジスタ　77
定電圧ダイオード　72
逓倍　72
デシベル　111
デプレッション形　92
デルタ関数　98
電位障壁　45
電荷結合デバイス　146
電荷転送　149
電気光学変調器　144
電子殻　10
電子親和力　55
電子遷移　120
電子遷移発振器　123
電子デバイス　1
電子同調　126
電子波　4
伝達特性　91
伝導帯　14
伝導電子　15
電流増幅率　79
電流伝達率　79
電力変換効率　135
導体　15
動抵抗　63
導電率　36
動特性　67
ドナー　24
ドーナツ形　123
ドーパント　25
ドーピング　25
ドブロイ　4
トラップ中心　41
トランジスタ・トランジスタ・ロジック
　156
ドリフト移動度　36
ドリフト速度　35
ドリフト電流　36
ドレイン　89
トレンチ　163
トンネル効果　69

な　行

ナイキストの雑音　113
内部光電効果　115
なだれ増倍　69
なだれ増倍率　70

2乗平均値　34
ニュートン　20
熱雑音　110
ノーマリオフ形　92
ノーマリオン形　92

は　行

ハイゼンベルグ　4
バイト　162
ハイブリッドIC　155
ハイブリッドMIC　166
バイポーラ　76
バイポーラトランジスタ　76
パウリの排他原理　7
破壊読みだし　163
白色雑音　113
波　数　4
波　束　4
発光効率　135
発光ダイオード　134
発生再結合雑音　111
バラクタ　72
バリキャップ　72
バルク抵抗　63
バルクデバイス　123
反射鏡　133
半絶縁性GaAs　167
反　転　98
反転層　98
反転分布　133
バンド　119
半導体　15
半導体レーザ増幅器　145
バンド構造　12
pn接合　44
pn接合レーザ　140
p形半導体　25
光共振器　133
光検波器　145
光集積回路　155
光・電子集積回路　156
光導電効果　115
光導波路　139
光変調器　144
光モードの閉じ込め　138
比屈折率差　138
ビデオディスク　141
非破壊読みだし　163
非放射再結合　132

ピンチオフ　91
ピンチオフ電圧　91
ファブリ・ペロー共振器　140
フェルミ準位　14, 30
フェルミ・デラック分布関数　26
フォトダイオード　145
フォトニクス　73, 129
フォトニックデバイス　129
フォトン　39, 129
フォノニクス　129
フォノン　40, 129
負温度　133
不確定性原理　4
不揮発性メモリ　158
不純物　25
負性抵抗　125
負性微分移動度　121
物質波　4
ブランキング　151
プランクの定数　4
フリッカ雑音　111
ブリルアン帯域　18
ブルーミング　153
プレーナ形　73
プレーナ技術　158
フレーム　149
フレーム転送　151
フローティング拡散部　151
フローティングゲート　160
フローティング増幅器　151
分配雑音　117
閉　殻　11
平均自由行程　34
平均自由時間　35
へき開面　140
ベース　77
ベース効率　79
ベース接地　84
ベース走行時間　82
ベース損失率　82
ヘテロ接合バイポーラトランジスタ　120
ベベル構造　74
変調　72, 144
ボーア　9
ボーアの半径　10
ポイントデテクタ　145
方位量子数　10
放射再結合　132
飽和域　33, 87

さくいん　**179**

飽和電流　51
飽和電流密度　51
ホモ接合　127
ポリサイド　163
ボルツマン定数　15
ボルツマン分布　27
ボンド・モデル　24
ポンピング　133

ま　行

マイクロ波　2, 58, 119
マイクロ波帯IC　155
マクスウェルの速度分布　34
マスクROM　159
ミリ波　119
メサ構造　73
メモリセル　159
メモリディスク　141
メモリデバイス　156
MOS構造　96
MOSイメージセンサ　152
モノリシックIC　155
モノリシックMIC　166

や　行

有効質量　20
誘導放出　133

有能雑音電力　114
ユニポーラ　76
ユニポーラトランジスタ　76
ゆらぎ　114
横モード　142
読みだし　160

ら　行

ランダム　34
リセットゲート　151
リセットドレイン　151
リチャードソン定数　58
リード　124
利得導波形　142
リードダイオード　124
リフレッシュ　163
量子効率　147
りんけい酸ガラス　153
ルーメン　135
励起状態　13
レーザ　3, 134
レーザダイオード　140
レーザプリンタ　141
列デコーダ　159
連続の式　43
連続波　127
ロジックデバイス　156

英　文　字

BH　142
CAD　158
CCD　146
C-MOS inverter　157
CW　127
DH　138
DRAM　163
D-type　92
EEP-ROM　159
EP-ROM　159
E-type　92
FD　151
FET　89
FG　160
FT　151
GSI　156
HBT　2, 120
HEMT　2, 120

HMIC　166
IC　155
IMPATT　120, 124
JFET　89
KDP　144
LD　140
LED　134
LPE　136
LSI　156
MES FET　89
MIC　155
MIS FET　89
MMIC　166
MOS FET　89
M-ROM　159
MSI　156
OEIC　156
OG　151

さくいん

PD	145	SLA	145
PIC	155	SN ratio	111
P-ROM	159	SSI	156
PSG	153	SRAM	163
RAM	158	TEO	123
RD	151	TTL	156
RG	151	ULSI	156
RMS value	34	VLSI	156
ROM	157	VPE	136
SB FET	89		

著 者 略 歴

桜庭一郎（さくらば・いちろう）
　1927年　札幌市に生まれる
　1945年　海軍兵学校卒業（第74期）
　1949年　北海道大学工学部卒業
　1960年　北海道大学工学部助教授
　1963年　ミシガン大学客員助教授
　1965年　北海道大学工学部教授
　1975年　文部省在外研究員（短期）としてサザンプトン大学，
　　　　　アイオワ大学およびミシガン大学で研究
　1990年　北海学園大学工学部教授（1998年まで）
　　　　　北海道大学名誉教授（工学博士）
　1996年　著書「レーザ工学」（森北出版）で
　　　　　第5回日本工業教育協会著作賞を受賞
　2007年　逝去

岡本　淳（おかもと・あつし）
　1961年　札幌市に生まれる
　1985年　北海道大学工学部卒業
　1990年　北海道大学大学院博士課程修了（工学博士）
　1995年　北海道大学大学院工学研究科助教授
　2004年　北海道大学大学院情報科学研究科助教授（2007年より准教授）
　　　　　現在に至る

電子デバイスの基礎　　　　　　　　　Ⓒ 桜庭一郎・岡本 淳　2003
2003年11月10日　第1版第1刷発行　　　【本書の無断転載を禁ず】
2021年 3 月 1 日　第1版第6刷発行

著　者　桜庭一郎・岡本 淳
発行者　森北博巳
発行所　森北出版株式会社
　　　　東京都千代田区富士見1-4-11（〒102-0071）
　　　　電話 03-3265-8341／FAX 03-3264-8709
　　　　https://www.morikita.co.jp/
　　　　日本書籍出版協会・自然科学書協会 会員
　　　　JCOPY ＜（一社）出版者著作権管理機構 委託出版物＞

落丁・乱丁本はお取替え致します　　　印刷／エーヴィスシステムズ・製本／協栄製本

Printed in Japan／ISBN978-4-627-77261-8

MEMO